代 县
耕地地力评价与利用

陈白凤 主编

U0350389

中国农业出版社

内容简介

　　本书全面系统地介绍了山西省代县耕地地力评价与利用的方法及内容，首次对代县耕地资源历史、现状及问题进行了分析、探讨，并引用大量调查分析数据对代县耕地地力、中低产田地力做了深入细致的分析。揭示了代县耕地资源的本质及目前存在的问题，提出了耕地资源合理改良利用意见。为各级农业科技工作者、各级农业决策者制订农业发展规划，调整农业产业结构，加快绿色、无公害、有机农产品基地建设步伐，保证粮食生产安全，科学施肥，退耕还林还草，为节水农业、生态农业及农业现代化、信息化建设提供了科学依据。

　　本书共七章。第一章：自然与农业生产概况；第二章：耕地地力调查与质量评价的内容与方法；第三章：耕地土壤属性；第四章：耕地地力评价；第五章：中低产田类型分布及改良利用；第六章：耕地地力评价与测土配方施肥；第七章：耕地地力调查与质量评价的应用研究。

　　本书适宜农业、土肥科技工作者及从事农业技术推广与农业生产管理的人员阅读。

编写人员名单

主　　编： 陈白凤

副 主 编： 王　应　樊军生

编写人员（按姓名笔画排序）：

马文彪　王　应　王晓金　王新六

兰晓庆　孙跃伟　杨玉东　张君伟

陈白凤　罗效良　赵晋玺　赵建明

姚天厚　贺　存　贺玉柱　秦耀发

贾丽英　贾丽霞　高二玲　高文才

高国恩　温小琴　樊军生　魏俊文

序

　　农业是国民经济的基础，农业发展是国计民生的大事。为适应我国农业发展的需要，确保粮食安全和增强我国农产品竞争的能力，促进农业结构战略性调整和优质、高产、高效、生态、安全农业的发展。针对当前我国耕地土壤存在的突出问题，2009 年在农业部精心组织和部署下，代县成为测土配方施肥补贴项目县。根据《测土配方施肥技术规范》积极开展了测土配方施肥工作，同时认真实施了耕地地力调查与评价。在山西省土壤肥料工作站、山西农业大学资源环境学院、忻州市土壤肥料工作站、代县农业委员会、代县农业技术推广中心广大科技人员的共同努力下，2011 年完成了代县耕地地力调查与评价工作。通过耕地地力调查与评价工作的开展，摸清了代县耕地地力状况，查清了影响当地农业生产持续发展的主要制约因素，建立了代县耕地地力评价体系，提出了代县耕地资源合理配置及耕地适宜种植、科学施肥及土壤退化修复的意见和方法，初步构建了代县耕地资源信息管理系统。这些成果为全面提高代县农业生产水平，实现耕地质量计算机动态监控管理，适时提供辖区内各个耕地基础管理单元土、水、肥、气、热状况及调节措施提供了基础数据平台和管理依据。同时，也为各级农业决策者制订农业发展规划，调整农业产业结构，加快无公害、绿色、有机食品基地建设步伐，保证粮食生产安全及促进农业现代化建设提供了最基础的第一手科学资料和最直接的科学依据，也为今后大面积开展耕地地力调查与评价工作，实施耕地综合生产能力建设，发展旱作节水农业，测土配方施肥及其他农业新技术普及工作提供了技术支撑。

    本书系统地介绍了耕地资源评价的方法与内容，应用大量的调查分析资料，分析研究了代县耕地资源的利用现状及问题，提出了合理利用的对策和建议。该书集理论指导性和实际应用性为一体，是一本值得推荐的实用技术读物。我相信，该书的出版将对代县耕地的培肥和保养、耕地资源的合理配置、农业结构调整及提高农业综合生产能力起到积极的促进作用。

2013 年 12 月

耕地是人类获取粮食及其他农产品最重要的、不可替代的、不可再生的资源，是人类赖以生存和发展的最基本的物质基础，是农业发展必不可少的根本保障。新中国成立以后，山西省代县先后开展了两次土壤普查。两次土壤普查工作的开展，为代县国土资源的综合利用、施肥制度改革、粮食生产安全做出了重大贡献。近年来，随着农业、农村经济体制的改革及人口、资源、环境与经济发展矛盾的日益突出，农业种植结构、耕作制度、作物品种、产量水平，肥料、农药使用等方面均发生了巨大变化，产生了诸多如耕地数量锐减、土壤退化污染、次生盐渍化、水土流失等问题。针对这些问题，开展耕地地力评价工作是非常及时、必要和有意义的。特别是对耕地资源合理配置、农业结构调整、保证粮食生产安全、实现农业可持续发展有着非常重要的意义。

代县耕地地力评价工作，于2009年3月开始至2011年12月结束，完成了代县6镇5乡377行政村的60万亩耕地的调查与评价任务。3年共采集大田土样4 100个，并调查访问了300个农户的农业生产、土壤生产性能、农田施肥水平等情况；认真填写了采样地块登记表和农户调查表，完成了4 100个样品常规化验、1 222个样品中微量元素分析化验、数据分析和收集数据的计算机录入工作；基本查清了代县耕地地力、土壤养分、土壤障碍因素状况，划定了代县农产品种植区域；建立了较为完善的、可操作性强的、科技含量高的代县耕地地力评价体系，并充分应用GIS、GPS技术初步构筑了代县耕地资源信息管理系统；提出了代县耕地保护、地力培肥、耕地适宜种植、科学施肥及土壤退化修复办法等；

形成了具有生产指导意义的数字化成果图。收集资料之广泛、调查数据之系统、成果内容之全面是前所未有的。这些成果为全面提高农业工作的管理水平，实现耕地质量计算机动态监控管理，适时提供辖区内各个耕地基础管理单元土、水、肥、气、热状况及调节措施提供了基础数据平台和管理依据。同时，也为各级农业决策者制订农业发展规划，调整农业产业结构，加快无公害、绿色、有机食品基地建设步伐，保证粮食生产安全，进行耕地资源合理改良利用，科学施肥及退耕还林还草，节水农业，生态农业，农业现代化建设提供了最基础的第一手科学资料和最直接的科学依据。

为了将调查与评价成果尽快应用于农业生产，在全面总结代县耕地地力评价成果的基础上，引用了大量成果、应用实例和第二次土壤普查、土地详查有关资料，编写了《代县耕地地力评价与利用》一书，首次比较全面系统地阐述了代县耕地资源类型、分布、地理与质量基础、利用状况、改良措施等，并将近年来农业推广工作中的大量成果资料录入其中，从而增加了该书的可读性和可操作性。

在本书的编写过程中，承蒙山西省土壤肥料工作站、山西农业大学资源环境学院、忻州市土壤肥料工作站、代县农业委员会、代县农业技术推广中心广大技术人员的热忱帮助和支持，在此表示感谢。

编　者

2013 年 12 月

目 录

序
前言

第一章　自然与农业生产概况

第一节　自然与农村经济概况

一、地理位置与行政区划

代县历史悠久，文化灿烂。古称雁门郡、代州，春秋属晋，战国归赵，秦代建县，北魏设郡，隋朝设州，明清置道，历为州、郡、道、县治所，有"赵国门户，汉室要塞，大宋边防，朱明重镇"之称。是中国历史上著名的北陲政治要地、军事强藩、商埠重镇。

代县位于山西省东北部，地处北纬 38°49′～39°21′，东经 112°43′～113°21′。东临繁峙，西接原平，南界五台，北毗山阴。代县北面是恒山余脉，南面是五台山麓，滹沱河由东向西南横贯全境。地貌特征为"两山夹一川"，"七山一水二分田"。全县地形轮廓略呈长方形，南北长约 60 千米，东西宽 40 千米，总面积约 1 696 千米²。

全县共辖 6 镇 5 乡 377 个行政村，2011 年全县总人口 21.5 万人，其中农业人口 17.03 万人，占总人口的 79.2%。详细情况见表 1-1。

表 1-1　代县行政区划与人口情况（2011 年）

乡（镇）	农业人口（人）	村民委员会（个）	自然村（个）
上馆镇	26 065	29	29
阳明堡镇	20 266	36	36
峨口镇	20 774	20	20
枣林镇	18 915	34	34
聂营镇	12 295	43	43
滩上镇	8 100	60	60
峪口乡	17 138	22	23
新高乡	1 818	41	41
磨坊乡	13 508	35	35
胡峪乡	7 085	29	32
雁门关乡	7 988	28	31
合计	170 314	377	384

二、土地资源概况

全县基本地貌由山地、丘陵和平川盘结而成，其中山地为 1 194.6 千米²，占全县总面积的 70.5%；丘陵区面积为 287.2 千米²，占全县总面积的 16.9%；平川区面积为

214.2 千米²，占全县总面积的 12.6%。全县最高峰为馒头山，海拔 2 426 米。全县土地总面积 254.4 万亩①，其中耕地面积 60 万亩。

代县土壤类型有 8 个土类，14 个亚类，31 个土属，46 个土种；主要土类为褐土，面积约 159.5 万亩，占全县总土地面积的 62.7%。在各类土壤中，宜农土壤比重大，适种性广，有利于农、林、牧业全面发展。代县耕地土壤类型有栗褐土、褐土、潮土和水稻土四大土类，栗褐土、淋溶褐土、褐土性土、石灰性土、脱潮土、潮土、盐化潮土和盐渍性水稻土 8 个亚类，20 个土属，31 个土种。本书主要介绍代县耕地土壤的四大土类。

三、自然气候与水文地质

（一）气候

代县属温带大陆性半干旱气候，四季分明，日照充足，太阳辐射强，光能资源丰富，全年累加日照时数 2 863.6 小时，北半坡稍多。年平均气温变化为 6.4～9℃，平川为 8.4℃，丘陵区为 9.0℃，土石山区为 6.4℃。年降水量为 397～770 毫米，分布特征为随海拔增高而递增。年蒸发量 1 700 毫米左右。年无霜期为 100～170 天，分布趋势为由东向西逐渐增长。年主导风向为东北风。

（二）成土母质

代县成土母质主要有以下几种类型：

1. 残积——坡积母质 该类型母质分布在山地区，是各种岩石经风化以后形成的残留物。主要岩石有花岗岩、千枚岩、石灰岩等。

2. 洪积——冲积母质 山前洪积扇和山前平原多属此类型。其特点是分选性差，质地较粗，为砾石泥沙的混合堆积物。洪积扇上有时也有洪水堆积的黄土。山前平原则受着冲积黄土和洪积沙砾的双重影响，土壤质地稍细。

3. 冲积母质 主要分布在滹沱河两岸的河漫滩、一级阶地上。该母质因受河沙的淤积，所以质地较粗，且受水选作用较强，有明显的成层性和带状分布规律，一般距河道越近质地越粗，越远则越细。

4. 黄土及黄土状母质 黄土母质指原生黄土，主要分布在山前残丘及广大的丘陵地带；黄土状母质是早期经过搬运后的淤积物，广泛分布于二级阶地及高阶地地段。这两类母质一般含钙素和钾素较多。

（三）河流与地下水

1. 地表水 代县属海河水系。北部山区属于桑干河流域，面积为 272 千米²。其余均属滹沱河流域，面积为 1 424 千米²。

滹沱河是代县最大的河流。最大年平均清水流量为 2.63 米³/秒，最小年平均清水流量为 0.02 米³/秒，平均年清水流量为 0.97 米³/秒；河水平均流量为 2.72 米³/秒。滹沱河境内支流较多，分为南北两条。发源于五台山山系的支流主要有 4 条，即峨河、峪河、中

---

① 亩为非法定计量单位，1 亩＝1/15 公顷。考虑到读者的阅读习惯，本书"亩"予以保留。——编者注

解河和黑山庄河；发源于恒山山系的支流主要有 10 条，即盆窑河、康户河、杀子河、七星河、关沟河、古城河、东茂河、西茂河、赤岸河和大茹解河。上述这些河中，除南部的峨河、峪河、中解河和北部的东、西茂河常年有地表水注入滹沱河外，其余河流出山谷后则渗入地下。

2. 地下水 代县地下水储水量为 4.735 亿米^3。其中，滹沱河南地下水储量为 1.826 亿米^3，滹沱河北地下水储量为 2.909 亿米^3。正常年份，全县开采量为 0.278 亿米^3/年，其中，农业开采量为 0.22 亿米^3/年、工业开采量为 0.056 亿米^3/年。地下水给量为 1.173 1 亿米^3/年。

（四）自然植被

代县由于海拔高度差异较大，地形复杂，植物群落或种类及其地理分布也比较复杂。

1. 海拔在 1 100 米以上的山地区 本区因夏季高温多湿，秋季气候湿凉，所以草灌植被较密，生长良好。黑圪旦尖，馒头山、草垛山等 2 000 米以上的高山平台部分生长有高山苔草、委陵菜、铃铃香、大叶龙胆、拳参、高山马先蒿、野罂粟、银腊梅等。1 700～2 350 米的阴坡生长有落叶松、桦树、山杨等针阔叶林，林下混生有野玫瑰、美丽胡枝子、黄花柳等灌丛及草本植被和低等的苔藓类。以上两种类型分布面积较小，覆盖率为80%～90%。在 1 100～2 000 米的山地，阴坡主要生长有山杨、野刺玫、悬钩枝、美丽胡枝子、皂山白、醋柳、榛子、藜芦、牡蒿、野草莓、苍术、山丹、莲子菜、苦坡草等；阳坡主要有黄刺玫、绣线菊、蚂蚱腿、驴干粮、菅草、羊草、针茅、本氏羽茅、阿尔泰紫苑、铁秆蒿等。

本区由于滹沱河以南的五台山脉多为阴坡，所以覆盖度较好，而滹沱河以北，恒山山脉多为阳坡，覆盖度则较差。

在海拔 1 800～1 900 米的地带有小面积耕种土壤。由于所处地形气候冷凉，无霜期短，因而只能种植一些短日照作物，如莜麦、马铃薯、豆类等。

2. 海拔在 1 100 米以下的黄土丘陵区 本区多为农田所占有，宜种作物种类多。自然植被仅残存于部分非耕地和农田沟坡边缘地带。植物群落因所处的条件不同而各异，生长在水分条件较差的沟谷阳坡上的植被主要有艾蒿和白羊草群落；聚生在部位较高或水分条件较好的阴坡上的植被主要有铁秆蒿群落；散生在农田及地埂上的植被主要有狗尾草、蒲公英、田旋花、甘草、莎蓬、猪毛菜等；在沟底部常见有苦马豆、杠柳、杨榆等群落；在沟壑陡壁上常见到麻黄、酸刺、枸杞、木樨状黄芪、臭椿等稀疏乔灌木。此外，还零星分布有黄花铁线莲、巢菜、达乌里胡枝子、披碱草、蒺藜、茵陈蒿等。

3. 川谷地区 本区地势平坦，水源丰富，地下水位较高，居民点集中，为良好的耕作土壤区。该区耕作殷盛，土壤肥沃，适种作物较为广泛。残存的自然植被散见于河畔、渠旁、路边、地堰等处。植被类型因土壤及地势差异而有所不同。在二级阶地上，主要生长有杨、柳、榆、臭椿、青蒿、披碱草、马齿苋、天蓝苜蓿、苍耳、刺儿菜、荠菜、苋菜、玻璃草、狗舌头、夏至草、蛤蟆尿、箭叶旋花等草本植物；低洼及一级阶地区，主要生长有旋复花、大车前、灰绿藜、扁蓄、水稗、芦苇、金戴戴、荆三棱、向荆、薄荷等。此外，盐碱地上还生长有盐蓬、碱蓬、盐爪爪等。

四、农村经济概况

2011 年，全县农村经济总收入为 169 647.98 万元。其中，农业收入为 39 563.47 万元，占 23.3%；林业收入为 1 532.89 万元，占 0.9%；畜牧业收入为 24 224.59 万元，占 14.3%；工业收入为 56 474.24 万元，占 33.3%；建筑业收入为 11 516.79 万元，占 6.8%；运输业收入为 14 838.13 万元，占 8.8%；商饮业收入为 13 607.05 万元，占 8.0%；服务业及其他收入为 7 890.82 万元，占 4.6%。农民人均纯收入为 3 055 元。

改革开放以后，农村经济有了较快发展。1983—2011 年，代县农村经济全面发展，农业产业结构渐趋合理，农民收入稳步增长，农民人均纯收入的结构由单靠种地变为种地、打工等多元化结构，农民的生活水平由温饱有余而迈向小康。农村经济总收入：1985 年为 6 401 万元，1990 年为 11 765 万元，1995 年为 26 182 万元，2000 年为 80 894 万元，2005 年为 132 454 万元，2011 年为 169 648 万元。按绝对值计算，2011 年比 1985 年增长 26.5 倍，年均增长 13.4%。农民人均纯收入：1983 年为 102 元，1990 年为 353.3 元，1995 年为 713 元，2000 年为 1 138.7 元，2005 年为 1 863 元，2011 年为 3 055 元，按绝对值计算，2011 年比 1983 年增长 29.9 倍，年均增长 12.9%。

第二节 农业生产概况

一、农业发展历史

代县农业历史悠久，早在新石器时代，这里的人类就开始了农业生产。新中国成立后，农业生产有了较快发展。从 21 世纪 50 年代以来，开展了轰轰烈烈的农田水利基本建设，自然条件有所改变。21 世纪 70 年代以来，科学种田逐渐为农民接受，广泛施用化肥、农药，大力推广优种、地膜，产量有所提高。中共十一届三中全会后，全县推广了"大包干"责任制，极大地解放了农村生产力，随着农业机械化水平不断提高，农田水利设施的建设，科学技术的推广应用，农业生产发展较快。1949 年全县粮食总产仅 2 251 万千克，平均亩产 44.41 千克；油料总产 15 万千克，平均亩产 18.75 千克；水果瓜菜总产 113.5 万千克。1970 年全县粮食总产仅 4 129.5 万千克，平均亩产 88.6 千克，比 1949 年亩增产 44.19 千克，增产率 99.5%；油料总产 68 万千克，平均亩产 32.15 千克，比 1949 年亩增产 13.4 千克，增产率 71.5%；水果瓜菜总产 70.5 万千克，是 1949 年产量的 62%。1980 年粮食总产 4 434.5 万千克，平均亩产 110.6 千克，比 1970 年亩增产 22 千克，增产率 24.8%；油料总产 103.5 万千克，平均亩产 37.1 千克，比 1970 年亩增产 4.95 千克，增产率 15.4%；水果瓜菜总产 141.0 万千克，是 1970 年产量的 2 倍。1990 年粮食总产 6 890.7 万千克，平均亩产 198.9 千克，比 1980 年亩增产 88.3 千克，增产率 79.8%；油料总产 573.7 万千克，平均亩产 87.9 千克，比 1980 年亩增产 50.8 千克，增产率 136.9%；水果总产 253.1 万千克，比 1980 年增产 112.1 万千克，增产率 79.5%。2011 年粮食总产 8 200.49 万千克，平均亩产 241 千克，比 1990 年亩增产 42.1 千克，增产率21.2％；油料总产90万千克，平均亩产90.2千克，比1990年亩增产2.3千克，增产率2.6％；水果总产900万千克，是1990年的3.55倍。从以上数据可以看出，随着科技在生产中的广泛推广，代县的农业生产总体上呈现上升水平，但年际间上下起伏、波动很大，雨量充沛则增产幅度大，雨量短缺则增产幅度小，雨养农业的特征非常明显。丰年的粮食产量水平为7 500万千克左右，平年的粮食产量水平为6 000万千克左右。

二、农业发展现状与问题

代县光热资源丰富，但土壤瘠薄、干旱缺水，是农业发展的主要制约因素，历来以旱作农业为主，靠天吃饭、雨养农业的格局短期内无法改变。全县农村经济总收入见表1-2。

表1-2　代县农村经济总收入

年份	农村经济总收入（万元）	第一产业（万元）			第二产业（万元）	第三产业（万元）	人均收入（元）
		农业	林业	牧业			
1949	1 324	938	20	286	30	50	—
1960	2 649	1 281	260	415	315	378	45
1970	4 534	2 246	133	1 028	239	888	61
1980	5 783	2 002	123	499	1 501	1 658	55
1990	11 935	3 131	160	818	3 408	4 418	353
1995	32 705	11 341	190	6 237	7 651	7 286	731
2000	49 228	12 243	956	4 127	15 748	16 154	1 139
2005	120 550	10 213	1 836	10 433	69 099	28 969	1 848
2011	169 647	39 563	1 532	24 224	69 123	35 202	3 055

2011年，全县农、林、牧、渔业总产值为65 319万元（现行价）。其中，农业产值39 563万元，占60.57％；林业产值1 532万元，占2.35％；牧业产值24 224万元，占37.08％。

代县2011年耕地总面积60万亩，其中农作物种植面积38.3万亩，干鲜果经济林21.7万亩。

畜牧业是代县一项优势产业。2011年末，全县大牲畜存栏0.75万头，猪2.9万头，羊15.39万只，禽蛋总产量43万千克，肉类总产量584.5万千克。

代县由于"两山夹一川"的特殊地形，立地条件较差，全县农机化水平不高，劳动效率低。全县农机总动力2011年年底为152 365千瓦，机耕面积33.8万亩，其中机播面积30万亩，机铺7.3万亩，机收面积8.2万余亩。全县共施用农肥38 000万千克，化肥26 730吨，其中碳酸氢铵8 000吨、尿素2 000吨、磷肥2 000吨、钾肥500吨、硝酸磷肥10 200吨、配方肥4 000吨、锌肥30吨。折纯氮5 953吨、纯五氧化二磷1 813吨、纯氧化钾365吨。农膜用量300吨，农药用量9.6吨，农村用电量2 936万千瓦小时。

第三节 耕地利用与保养管理

一、主要耕作方式及影响

代县传统的耕作制度基本是一年一熟制。现已普遍采用了间作、套种、轮作倒茬、立体种植、复播等多种形式。近年来推广的日光节能温室，一年2～3茬，亩纯收入1万余元，是大田作物的10～20倍，经济效益显著。耕作以小型拖拉机悬挂深耕犁、旋耕机为主，但部分山区仍保留牛耕作业，耕作深度20～30厘米。春耕为主，秋耕为辅。秸秆粉碎还田近年来有了一定的发展。

二、耕地利用现状、生产管理及效益

代县种植作物主要有玉米、谷子、高粱、水稻、大豆、马铃薯、花生、黍子、胡麻、向日葵、莜麦、蔬菜等。

据2011年统计部门资料，耕地总面积60万亩，其中农作物种植面积38.3万亩，干鲜果经济林21.7万亩。

效益分析：山坡地玉米平均亩产330千克，每千克售价2元，产值660元，投入220元，亩纯收入440元；旱平地玉米平均亩产360千克，每千克售价2元，产值720元，投入260元，亩纯收入460元；水地玉米平均亩产500千克，每千克售价2元，产值1 000元，投入320元，亩纯收入680元。一般旱地小杂粮平均亩产110千克，每千克售价3元，亩产值330元，投入140元，亩纯收入190元；旱平地小杂粮平均亩产150千克，每千克售价3元，产值450元，投入160元，亩纯收入290元。大田蔬菜一般亩纯收入1 000～3 000元；日光温室亩纯收入10 000余元。

三、施肥现状与耕地养分演变

代县农田农家肥施肥情况21世纪80～90年代达到顶峰，为48万吨左右，近年来呈下降趋势，保持在35万吨左右。大牲畜年末存栏数，1949年0.97万头；1970年1.91万头；1980年1.85万头；1990年达到2.35万头；2005年最高，达到3.87万头。猪年末存栏数，1949年0.78万头；1970年1.98万头；1980年3.21万头；1990年3.39万头；2005年最高，达到3.42万头。化肥使用量从逐年增加到趋于合理。1985年全县化肥用量（折纯）为2 315吨，1991年全县化肥用量（折纯）为4 075吨，2000年全县化肥用量（折纯）为6 032吨，2011年全县共施用农肥38 000万千克，化肥26 730吨，其中碳酸氢铵8 000吨、尿素2 000吨、磷肥2 000吨、钾肥500吨、硝酸磷肥10 200吨、配方肥4 000吨、锌肥30吨。折纯氮5 953吨、纯五氧化二磷1 813吨、纯氧化钾365吨。

2011年，全县测土配方施肥面积20万亩，微肥应用面积3.5万亩，秸秆还田面积10万亩。随着农业生产的发展，科学施肥技术的推广应用，近年来全县耕地耕层土壤养分测

定结果与1982年第二次全国土壤普查测定结果相比，土壤有机质平均含量13.16克/千克，比第二次土壤普查11.94克/千克增加了1.22克/千克；全氮平均含量0.71克/千克，比第二次土壤普查0.67克/千克增加了0.04克/千克；有效磷平均含量11.13毫克/千克，比第二次土壤普查5.89毫克/千克增加了5.24毫克/千克；速效钾平均含量111.83毫克/千克，比第二次土壤普查95.5毫克/千克增加了16.33毫克/千克。随着测土配方施肥技术的全面推广应用，土壤肥力会不断提高。

四、耕地利用与保养管理简要回顾

1982—2000年，根据全国第二次土壤普查成果，代县划分了土壤改良利用区，根据不同土壤类型、不同土壤肥力和不同生产水平，提出了合理利用及培肥措施，并贯彻实施，达到了培肥土壤的目的。

2000年至今，随着农业产业结构调整步伐加快，推广了测土配方施肥、秸秆还田等技术。特别是2009—2011年，代县连续3年实施了测土配方施肥项目，使全县施肥更合理、更科学。加上退耕还林、雁门关生态畜牧、巩固退耕还林区基本口粮田建设、中低产田改造、耕地综合生产能力建设、户用沼气、新型农民科技培训、设施农业、新农村建设等一批项目的实施，以及土壤结构改良剂、精制有机肥、抗旱保水剂、配方肥、复合肥等新型肥料的使用，农业大环境得到了有效改变。近年来，随着科学发展观的贯彻落实，环境保护力度不断加大，政府加大了对农业的投入，并采取了一系列的有效措施，农田环境日益好转，全县农业生产正逐步向优质、高产、高效、生态、安全迈进。

第二章　耕地地力调查与质量
评价的内容与方法

　　根据《全国耕地地力调查与质量评价技术规程》和《全国测土配方施肥技术规范》（以下简称《规程》和《规范》）的要求，通过肥料效应田间试验、样品采集与制备、田间基本情况调查、土壤与植株测试、肥料配方设计、配方肥料合理使用、效果反馈与评价、数据汇总、报告撰写等内容、方法与操作规程和耕地地力评价方法的工作过程，进行了耕地地力调查和质量评价。这次调查和评价是基于 3 个方面进行的。一是通过耕地地力调查与评价，合理调整农业结构、满足市场对农产品多样化、优质化的要求以及经济发展的需要；二是针对耕地土壤的障碍因子，提出中低产田改造、防止土壤退化及修复已污染土壤的意见和措施，提高耕地综合生产能力；三是通过调查，建立全县耕地资源信息管理系统和测土配方施肥专家咨询系统，对耕地质量和测土配方施肥实行计算机网络管理，形成较为完善的测土配方施肥数据库，为农业增产、农业增效、农民增收提供科学决策依据，保证农业可持续发展。

第一节　工作准备

一、组织准备

　　山西省农业厅牵头成立测土配方施肥和耕地地力评价与利用领导组、专家组、技术指导组，代县成立相应的领导组、办公室、技术服务组、野外调查队和室内资料数据汇总组。

二、物质准备

　　根据《规程》和《规范》要求，进行充分的物质准备。先后配备了 GPS 定位仪、不锈钢土钻、计算机及软盘、钢卷尺、土袋、可封口塑料袋、水样固定剂、化验药品、化验室仪器以及调查表格等，并在原来土壤化验室基础上，进行必要补充和维修，为全面调查和室内化验分析做好充分的物质准备。

三、技术准备

　　领导组聘请山西省农业厅土肥站、山西农业大学资源环境学院、忻州市农业委员会土肥站及代县农业委员会土肥站的有关专家，组成技术指导组，根据《规程》和《山西省2007 年区域性耕地地力调查与质量评价实施方案》及《规范》，制定了《代县测土配方施肥技术规范及耕地地力调查与质量评价技术规程》和技术培训材料。在采样调查前对采样调查人员进行认真、系统的技术培训。

四、资料准备

按照《规程》和《规范》要求，收集了代县行政区划图、地形图、第二次土壤普查成果图、基本农田保护区划图、土地利用现状图、农田水利分区图等图件。收集了第二次土壤普查成果资料，基本农田保护区地块基本情况、基本农田保护区划统计资料，粮食、油料、果树、蔬菜面积、品种、产量等有关资料，退耕还林规划，肥料、农药使用品种及数量、肥力动态监测等资料。

第二节　室内预研究

一、确定采样点位

1. 布点与采样原则　为了使土壤调查所获取的信息具有一定的典型性和代表性，提高工作效率，节省人力和资金，采样点参考县级土壤图，做好采样规划设计，确定采样点位。实际采样时严禁随意变更采样点，若有变更须注明理由。我们在布点和采样时主要遵循了以下原则：一是布点具有广泛的代表性，同时兼顾均匀性。根据土壤类型、土地利用等因素，将采样区域划分为若干个采样单元，每个采样单元的土壤性状要尽可能均匀一致；二是尽可能在全国第二次土壤普查时的剖面或农化样取样点上布点；三是采集的样品具有典型性，能代表其对应的评价单元最明显、最稳定、最典型的特征，尽量避免各种非调查因素的影响；四是所调查农户随机抽取，按照事先所确定采样地点寻找符合基本采样条件的农户进行，采样在符合要求的同一农户的同一地块内进行。

2. 布点方法　按照《规程》和《规范》，结合代县实际，将大田样点密度定点。丘陵区平均每 100 亩一个点位，沟河地平均每 150 亩一个点位，旱垣地平均每 200 亩一个点位，实际布设大田样点 4 100 个。第一，依据山西省第二次土壤普查土种归属表，把那些图斑面积过小的土样，适当合并至母质类型相同、质地相近、土体构型相似的土种，修改编绘出新的土种图。第二，将归并后的土种图与基本农田保护区划图和土地利用现状图叠加，形成评价单元。第三，根据评价单元的个数及相应面积，在样点总数的控制范围内，初步确定不同评价单元的采样点数。第四，在评价单元中，根据图斑大小、种植制度、作物种类、产量水平等因素的不同，确定布点数量和点位，并在图上予以标注。点位尽可能选在第二次土壤普查时的典型剖面取样点或农化样品取样点上。第五，不同评价单元的取样数量和点位确定后，按照土种、作物品种、产量水平等因素，分别统计其相应的取样数量。当某一因素点位数过少或过多时，再根据实际情况进行适当调整。

二、确定采样方法

1. 采样时间　在大田作物收获后、春播前进行。按叠加图上确定的调查点位去野外采集样品。通过向农民实地了解当地的农业生产情况，确定最具代表性的同一农户的同一块田采样，田块面积均在 1 亩以上，并用 GPS 定位仪确定地理坐标和海拔高程，记录经纬度，精确到 0.1″。依此准确方位修正点位图上的点位位置。

2. 调查、取样　向已确定采样田块的户主，按农户地块调查表格的内容逐项进行调查并认真填写。调查严格遵循实事求是的原则，对那些说不清楚的农户，通过访问地力水平相当、位置基本一致的其他农户或对实物进行核对推算。采样主要采用 S 法，均匀随机采取 15～20 个采样点，充分混合后，四分法留取 1 千克组成一个土壤样品，并装入已准备好的土袋中。

3. 采样工具　主要采用不锈钢土钻，采样过程中努力保持土钻垂直，样点密度均匀，基本符合厚薄、宽窄、数量的均匀特征。

4. 采样深度　为 0～20 厘米耕作层土样。

5. 采样记录　填写两张标签，土袋内外各一张，注明采样编号、采样地点、采样人、采样日期等。采样同时，填写大田采样点基本情况调查表和大田采样点农户调查表。

三、确定调查内容

根据《规范》要求，按照《测土配方施肥采样地块基本情况调查表》认真填写。这次调查的范围是基本农田保护区耕地和园地（包括蔬菜、果园和其他经济作物田），调查内容主要有 3 个方面：一是与耕地地力评价相关的耕地自然环境条件、农田基础设施建设水平和土壤理化性状、耕地土壤障碍因素和土壤退化原因等；二是与农业结构调整密切相关的耕地土壤适宜性问题等；三是农户生产管理情况调查。

以上资料的获得，一是利用第二次土壤普查和土地利用详查等现有资料，通过收集整理而来；二是采用以点带面的调查方法，经过实地调查访问农户获得的；三是对所采集样品进行相关分析化验后取得的；四是将所有有限的资料、农户生产管理情况调查资料、分析数据录入到计算机中，并经过矢量化处理形成数字化图件、插值，使每个地块均具有各种资料信息，来获取相关资料信息。这些资料和信息，对分析耕地地力评价与耕地质量评价结果及影响因素具有重要意义。如通过分析农户投入和生产管理对耕地地力土壤环境的影响，分析农民现阶段投入成本与耕地质量直接的关系，有利于提高成果的现实性，引起各级领导的关注。通过对每个地块资源的充实完善，可以从微观角度，对土、肥、气、热、水资源运行情况有更周密的了解，提出管理措施和对策，指导农民进行资源合理利用和分配。通过对全部信息资料的了解和掌握，可以宏观调控资源配置，合理调整农业产业结构，科学指导农业生产。

四、确定分析项目和方法

根据《规程》及《山西省耕地地力调查及质量评价实施方案》和《规范》规定，土壤质量调查样品检测项目有 pH、有机质、全氮、碱解氮、有效磷、速效钾、缓效钾、有效硫、阳离子交换量、有效铜、有效锌、有效铁、有效锰、水溶性硼 14 个项目。其分析方法均按全国统一规定的测定方法进行。

五、确定技术路线

代县耕地地力调查与质量评价所采用的技术路线见图 2-1。

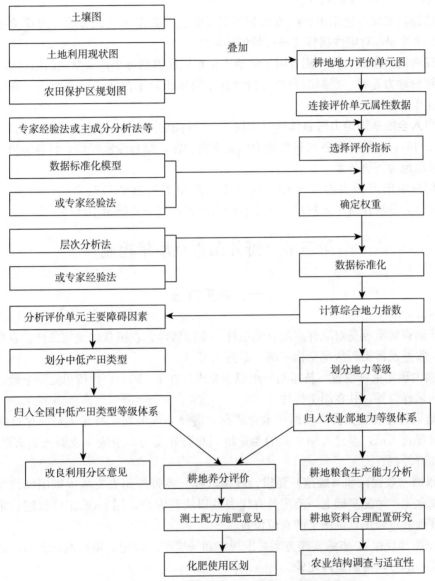

图 2-1 代县耕地地力调查与质量评价技术路线流程

1. 确定评价单元 本次调查是基于 2009 年全国第二次土地调查成果进行，评价单元采用土地利用现状图耕地图斑作为基本评价单元，并将土壤图（1∶50 000）与土地利用现状图（1∶10 000）配准后，用土地利用现状图层提取土壤图层的信息。利用基本农田保护区区划图、土壤图和土地利用现状图叠加的图斑为基本评价单元。相似相近的评价单元至少采集一个土壤样品进行分析，在评价单元图上连接评价单元属性数据库，用计算机绘制各评价因子图。

2. 确定评价因子　根据全国、省级耕地地力评价指标体系并通过农科教专家论证来选择代县县域耕地地力评价因子。

3. 确定评价因子权重　用模糊数学特尔菲法和层次分析法将评价因子标准数据化，并计算出每一评价因子的权重。

4. 数据标准化　选用隶属函数法和专家经验法等数据标准化方法，对评价指标进行数据标准化处理，对定性指标要进行数值化描述。

5. 综合地力指数计算　用各因子的地力指数累加得到每个评价单元的综合地力指数。

6. 划分地力等级　根据综合地力指数分布的累积频率曲线法或等距法，确定分级方案，并划分地力等级。

7. 归入全国耕地地力等级体系　依据《全国耕地类型区、耕地地力等级划分》（NY/T 309—1996），归纳整理各级耕地地力要素主要指标，结合专家经验，将各级耕地地力归入全国耕地地力等级体系。

8. 划分中低产田类型　依据《全国中低产田类型划分与改良技术规范》（NY/T 310—1996），分析评价单元耕地土壤主要障碍因素，划分并确定中低产田类型。

第三节　野外调查及质量控制

一、调查方法

野外调查的重点是对取样点的立地条件、土壤属性、农田基础设施条件、农户栽培管理成本、收益及污染等情况全面了解、掌握。

1. 室内确定采样位置　技术指导组根据要求，在 1∶10 000 评价单元图上确定各类型采样点的采样位置，并在图上标注。

2. 培训野外调查人员　抽调技术素质高、责任心强的农业技术人员，尽可能抽调第二次土壤普查人员，经过为期 3 天的专业培训和野外实习，组成 4 支野外调查队，共 20 余人参加野外调查。

3. 根据《规程》和《规范》要求，严格取样　各野外调查支队根据图标位置，在了解农户农业生产情况基础上，确定具有代表性田块和农户，用 GPS 定位仪进行定位，依据田块准确方位修正点位图上的点位位置。

4. 按照《规程》、省级实施方案要求规定和《规范》规定，填写调查表格，并将采集的样品统一编号，带回室内化验。

二、调查内容

（一）基本情况调查项目

1. 采样地点和地块　地址名称采用民政部门认可的正式名称。地块采用当地的通俗名称。

2. 经纬度及海拔高度 由 GPS 定位仪进行测定。

3. 地形地貌 以形态特征划分为三大地貌类型，即河谷平川区、丘陵区、山区。

4. 地形部位 指中小地貌单元，主要包括洪积扇前缘，沟谷地，河流冲积平原的河漫滩，河流阶地，河流一级、二级阶地，洪积扇上部，黄土垣、梁。

5. 坡度 一般分为 ≤2.0°、2.1°~5.0°、5.1°~8.0°、8.1°~15.0°、15.1°~25.0°、≥25.0°。

6. 侵蚀情况 按侵蚀种类和侵蚀程度记载，根据土壤侵蚀类型可划分为水蚀、风蚀、重力侵蚀、冻融侵蚀、混合侵蚀等，侵蚀程度通常分为无明显、轻度、中度、重度、强度、极强度等 6 级。

7. 地下水水深度 指地下水深度，分为深位（>3 厘米）、中位（2~3 厘米）、浅位（<3 厘米）。

8. 家庭人口及耕地面积 指每个农户实有的人口数量和种植耕地面积（亩）。

（二）土壤性状调查项目

1. 土壤名称 统一按 1985 年分类系统的连续命名法填写，详细到土种。

2. 土壤质地 国际制；全部样品均需采用手摸测定；质地分为：沙土、沙壤、轻壤、中壤、重壤、黏土 6 级。

3. 质地构型 指不同土层之间质地构造变化情况。一般可分为通体壤、通体黏、通体沙、黏夹沙、底沙、壤夹黏、多砾、少砾、夹砾、底砾、少姜、多姜等。

4. 耕层厚度 用不锈钢铲垂直铲下去，用钢卷尺按实际进行测量确定。

5. 有效土层厚度 指土壤层和松散的母质层之和。按其厚度（厘米）深浅从高到低依次分为 6 级（>150、101~150、76~100、51~75、26~50、<25）。

6. 障碍层次及深度 主要指沙土、黏土、砾石、料姜等所发生的层位、层次及深度。

7. 盐渍化程度 按盐碱类型划分为苏打盐化、硫酸盐盐化、氯化物盐化、混合盐化等。以全盐量的高低来衡量，分为无、重度、中度、轻度 4 种情况。

8. 土壤母质 按成因类型分为残积物、坡积物、河流冲积物、洪积物、淤积物、黄土、黄土状、黑垆土、风积物、堆垫等类型。

（三）农田设施调查项目

1. 地面平整度 按大范围地形坡度分为平整（<2°）、基本平整（2°~5°）、不平整（>5°）。

2. 园田化水平 分为地面平坦、园田化水平高，地面基本平坦、园田化水平较高，高水平梯田、缓坡梯田、熟化程度 5 年以上，新修梯田，坡耕地 6 种类型。

3. 田间输水方式 分为管道、防渗渠道、土渠等。

4. 灌溉方式 分为漫灌、畦灌、沟灌、滴灌、喷灌、管灌等。

5. 灌溉保证率 分为充分满足、基本满足、一般满足、无灌溉条件 4 种情况或按灌溉保证率（%）计。

6. 排涝能力 分为强、中、弱 3 级。

（四）生产性能与管理情况调查项目

1. 种植（轮作）制度 分为一年一熟、一年二熟、二年三熟等。

2. 作物（蔬菜）种类与产量 指调查地块上年度主要种植作物及其平均产量。

3. 耕翻方式及深度 指翻耕、旋耕、耙地、糖地、中耕等。

4. 秸秆还田情况 分翻压还田、覆盖还田等。

5. 设施类型棚龄或种菜年限 分为薄膜覆盖、塑料拱棚、温室等，棚龄以正式投产算起。

6. 上年度灌溉情况 包括灌溉方式、灌溉次数、年灌水量、水源类型、灌溉费用等。

7. 年度施肥情况 包括有机肥、氮肥、磷肥、钾肥、复合（混）肥、微肥、叶面肥、微生物肥及其他肥料施用情况，有机肥要注明类型，化肥指纯养分。

8. 上年度生产成本 包括化肥、有机肥、农药、农膜、种子（种苗）、机械人工及其他。

9. 上年度农药使用情况 农药使用次数、品种、数量。

10. 产品销售及收入情况。

11. 作物品种及种子来源。

12. 蔬菜效益 指当年纯收益。

三、采样数量

在全县 60 万亩耕地上，共采集大田土壤样品 4 100 个。

四、采样控制

野外调查采样是此次调查评价的关键。既要考虑采样代表性、均匀性，也要考虑采样的典型性。根据代县的区划划分特征，分别在侵蚀构造地形—中低山区、构造侵蚀地形—岛状孤山黄土峁梁丘陵区、侵蚀堆积地形—山间宽谷阶地区及不同作物类型、不同地力水平的农田，严格按照《规程》和《规范》的要求均匀布点，并按图标布点实地核查后进行定点采样。整个采样过程严肃认真，达到了规程要求，保证了调查采样质量。

第四节　样品分析及质量控制

一、分析项目及方法

1. pH 土液比 1∶2.5，电位法测定。

2. 有机质 采用油浴加热重铬酸钾氧化容量法测定。

3. 有效磷 采用碳酸氢钠或氟化铵——盐酸浸提—钼锑抗比色法测定。

4. 速效钾 采用乙酸铵浸提——火焰光度计或原子吸收分光光度计法测定。

5. 全氮 采用凯氏蒸馏法测定。

6. 碱解氮 采用碱解扩散法测定。

7. 缓效钾 采用硝酸提取——火焰光度法测定。

8. 有效铜、锌、铁、锰　采用 DPTA 提取——原子吸收光谱法测定。

9. 有效硼　采用沸水浸提——甲亚铵-H 比色法或姜黄素比色法测定。

10. 有效硫　采用磷酸盐—乙酸或氯化钙浸提——硫酸钡比浊法测定。

11. 有效硅　采用柠檬酸浸提——硅钼蓝色比色法测定。

12. 交换性钙和镁　采用乙酸铵提取——原子吸收光谱法测定。

13. 阳离子交换量　采用 EDTA—乙酸铵盐交换法测定。

二、分析测试质量控制

分析测试质量主要包括野外调查取样后样品风干、处理与实验室分析化验质量，其质量的控制是调查评价的关键。

(一) 样品风干及处理

样品采集后要及时放置在干燥、通风、卫生、无污染的室内风干，风干后送化验室处理。

将风干后的样品平铺在制样板上，用木棍或塑料棍碾压，并将植物残体、石块等侵入体和新生体剔除干净。细小已断的植物须根，可采用静电吸附的方法清除。压碎的土样用2毫米孔径筛过筛，未通过的土粒重新碾压，直至全部样品通过2毫米孔径筛为止。通过2毫米孔径筛的土样可供 pH、盐分、交换性能及有效养分等项目的测定。

将通过2毫米孔径筛的土样用四分法取出一部分继续碾磨，使之全部通过0.25毫米孔径筛，供有机质、全氮等项目的测定。

用于微量元素分析的土样，其处理方法同一般化学分析样品，但在采样、风干、研磨、过筛、运输、储存等诸环节都要特别注意，不要接触容易造成样品污染的铁、铜等金属器具。采样、制样推荐使用不锈钢、木、竹或塑料工具，过筛使用尼龙网筛等。通过2毫米孔径尼龙筛的样品可用于测定土壤有效态微量元素。

将风干土样反复碾压，用2毫米孔径筛过筛。留在筛上的碎石称量后保存，同时将过筛的土壤称重，计算石砾质量百分数。将通过2毫米孔径筛的土样混匀后盛于广口瓶内，用于颗粒分析及其他物理性质测定。若风干土样中有铁锰结核、石灰结核、石子或半风化体，不能用木棍碾碎，应首先将其细心检出称量保存，然后再进行碾碎。

(二) 实验室质量控制

1. 在测试前采取的主要措施

(1) 按规程要求制定了周密的采样方案，尽量减少采样误差（把采样作为分析检验的一部分）。

(2) 正式开始分析前，对检验人员进行为期两周的培训：对监测项目、监测方式、操作要点、注意事项等进行培训，并进行了质量考核，为检验人员掌握了解项目分析技术、提高业务水平、减少误差等奠定了基础。

(3) 收样登记制度：制定了收样登记制度，将收样时间、制样时间、处理方法与时间、分析时间逐项登记，并在收样时确定样品统一编码、野外编码及标签等，从而确保了样品的真实性和整个过程的完整性。

(4) 测试方法确认（尤其是同一项目有几种检测方法时）：根据实验室现有条件、要求规定及分析人员掌握情况等确定最终采取的分析方法。

（5）测试环境确认：为减少系统误差，我们对实验室温湿度、试剂、用水、器皿等逐项检验，保证其符合测试条件。对有些相互干扰的项目分开实验室进行分析。

（6）检测用仪器设备及时进行计量检定，定期进行运行状况检查。

2. 在检测中采取的主要措施

（1）仪器使用实行登记制度，并及时对仪器设备进行检查维修和调整。

（2）严格执行项目分析标准或规程，确保测试结果准确性。

（3）坚持平行试验、必要的重显性试验，控制精密度，减少随机误差。

每个项目开始分析时每批样品均须做100%平行样品，结果稳定后，平行次数减少50%，最少保证做10%～15%平行样品。每个化验人员都自行编入明码样做平行测定，质控员还要编入10%密码样进行质量按制。

平行双样测定结果的误差在允许的范围之内为合格；平行双样测定全部不合格者，该批样品须重新测定；平行双样测定合格率<95%时，除对不合格的重新测定外，再增加10%～20%的平行测定率，直到总合格率达到95%以上。

（4）坚持带质控样进行测定。

①与标准样对照。分析中，每批次带标准样品10%～20%，以测定的精密度合格的前提下，标准样测定值在标准保证值（95%的置信水平）范围的为合格，否则本批结果无效，进行重新分析测定。

②加标回收法。对灌溉水样由于无标准物质或质控样品，采用加标回收试验来测定准确度。

加标率，在每批样品中，随机抽取10%～20%的试样进行加标回收测定。

加标量，被测组分的总量不得超出方法的测定上限。加标浓度宜高，体积应小，不应超过原定试样体积的1%。

加标回收率在90%～110%的为合格。

$$加标回收率（\%）=\frac{加标试样测定值-试样测定值}{加标量}\times100$$

根据回收率大小，也可判断是否存在系统误差。

（5）注重空白试验：全程空白值是指用某一方法测定某物质时，除样品中不含该物质外，整个分析过程中引起的信号值或相应浓度值。它包含了试剂、蒸馏水中杂质带来的干扰，从待测试样的测定值中扣除，可消除上述因素带来的系统误差。如果空白值过高，则要找出原因，采取其他措施（如提纯试剂、更新试剂、更换容器等）加以消除。保证每批次样品做两个以上空白样，并在整个项目开始前按要求做全程序空白测定，每次做两个平行空白样，连测5天共得10个测定结果，计算批内标准偏差 S_{wb}。

$$S_{wb}=\left[\sum(X_i-X_{平})^2/m(n-1)\right]^{1/2}$$

式中：n——每天测定平均样个数；

m——测定天数。

（6）做好校准曲线：比色分析中标准系列保证设置6个以上浓度点。根据浓度和吸光值按一元线性回归方程 $Y=a+bX$ 计算其相关系数。

式中：Y——吸光度；

　　　X——待测液浓度；

　　　a——截距；

　　　b——斜率。

要求标准曲线相关系数 r≥0.999。

校准曲线控制：

①每批样品皆需做校准曲线。

②标准曲线力求 r≥0.999，且有良好重现性。

③大批量分析时每测 10～20 个样品要用一标准液校验，检查仪器状况。

④待测液浓度超标时不能任意外推。

（7）用标准物质校核实验室的标准滴定溶液：标准物质的作用是校准。对测量过程中使用的基准纯、优级纯的试剂进行校验。校准合格才准用，确保量值准确。

（8）详细、如实记录测试过程，使检测条件可再现、检测数据可追溯。对测量过程中出现的异常情况也及时记录，及时查找原因。

（9）认真填写测试原始记录，测试记录做到：如实、准确、完整、清晰。记录的填写、更改均制定了相应制度和程序。当测试由一人读数一人记录时，记录人员复读多次所记的数字，减少误差发生。

3. 检测后主要采取的技术措施

（1）加强原始记录校核、审核，实行"三审三校"制度，对发现的问题及时研究、解决，或召开质量分析会，达成共识。

（2）运用质量控制图预防质量事故发生：对运用均值—极差控制图的判断，参照《质量专业理论与实践》中的判断标准。对控制样品进行多次重复测定，由所得结果计算出控制样的平均值 X 及标准差 S（或极差 R），就可绘制均值—标准差控制图（或均值—极差控制图），纵坐标为测定值，横坐标为获得数据的顺序。将均值 X 作成与横坐标平行的中心级 CL，$X\pm3S$ 为上下控制限 UCL 及 LCL，$X\pm2S$ 为上下警戒限 UWL 及 LWL，在进行试样列行分析时，每批带入控制样，根据差异判异准则进行判断。如果在控制限之外，该批结果为全部错误结果，则必须查出原因，采样措施，加以消除，除"回控"后再重复测定，并控制不再出现。如果控制样的结果落在控制限和警戒限之间，说明精密度已不理想，应引起注意。

（3）控制检出限：检出限是指对某一特定的分析方法在给定的置信水平内，可以从样品中检测的待测物质的最小浓度或最小量。根据空白测定的批内标准偏差（S_{wb}）按下列公式计算检出限（95% 的置信水平）。

①若试样一次测定值与零浓度试样一次测定值有显著性差异时，检出限（L）按下列公式计算：

$$L = 2 \times 2^{1/2} t_f S_{wb}$$

式中：t_f——显著水平为 0.05（单测）、自由度为 f 的 t 值；

　　　S_{ub}——批内空白值标准偏差；

　　　f——批内自由度，$f = m(n-1)$，m 为重复测定数，n 为平行测定次数。

②原子吸收分析方法中检出限计算：$L=3S_{wb}$。

③分光光度法以扣除空白值后的吸光值为 0.010 相对应的浓度值为检出限。

（4）及时对异常情况处理。

①异常值的取舍。对检测数据中的异常值，按 GB/T 4883—2008 标准规定采用 Grubbs 法或 Dixon 法加以判断处理。

②因外界干扰（如停电、停水），检测人员应终止检测，待排除干扰后重新检测，并记录干扰情况。当仪器出现故障时，故障排除后校准合格的，方可重新检测。

（5）使用计算机采集、处理、运算、记录、报告存储检测数据时，应制定相应的控制程序。

（6）检验报告的编制、审核、签发：检验报告是实验工作的最终结果，是试验室的产品，因此对检验报告质量要高度重视。检验报告应做到完整、准确、清晰、结论正确。必须坚持三级审核制度，明确制表、审核、签发的职责。

除此之外，为保证分析化验质量，提高实验室之间分析结果的可比性，山西省土壤肥料工作站抽查 5%～10%样品在山西省分析测试中心进行复核，并编制密码样，对实验室进行质量监督和控制。

4. 技术交流　在分析过程中，发现问题及时交流，改进方法，不断提高技术水平。

5. 数据录入　分析数据按规程和方案要求审核后编码整理，和采样点对照，确认无误后进行录入。采取双人录入相互对照的方法，保证录入正确率。

第五节　评价依据、方法及评价标准体系的建立

一、耕地地力评价原则依据

经山西省农业厅土壤肥料工作站、山西农业大学资源环境学院、忻州市土肥站以及代县农技中心专家评议，代县确定了 11 个因子为耕地地力评价指标。

1. 立地条件　指耕地土壤的自然环境条件，它包含了与耕地质量直接相关的地貌类型及地形部位、成土母质、田面坡度等。

（1）地貌类型：代县的主要地形地貌以形态特征划分为三大类型，平川区、丘陵区、山区。

平川区包括有河漫滩、一级阶地、二级阶地及部分高阶地；丘陵区包括滹沱河南北边坡的黄土丘陵区和洪积扇部分；山地包括土石山区、石山区、南部石山区。

（2）成土母质及其主要分布：在代县耕地上分布的母质类型按成因类型分为残积—坡积母质，分布在山地区；洪积—冲积母质分布在山前洪积扇和山前平原；冲积母质分布在滹沱河两岸的河漫滩和一级阶地上；黄土及黄土状母质主要在山前残丘、广大的丘陵地带、二级阶地及高阶地地段。

（3）田面坡度：田面坡度反映水土流失程度，直接影响耕地地力，代县将田面坡度小于 25°的耕地依坡度大小分为 6 级（≤2.0°、2.1°～5.0°、5.1°～8.0°、8.1°～15.0°、15.1°～25.0°、≥25.0°）进入地力评价系统。

（4）耕层厚度：耕层厚度反映作物生长的有效土层深度，直接影响耕地的地力，代县

将耕层厚度分为 4 级（≤15 厘米、15～20 厘米、20～25 厘米、25～30 厘米）。

2. 土壤属性

（1）土体构型：指土壤剖面中不同土层间质地构造变化情况，直接反映土壤发育及障碍层次，影响根系发育、水肥保持及有效供给，包括有效土层厚度、耕作层厚度、质地构型等 3 个因素。

①有效土层厚度：指土壤层和松散的母质层之和，按其厚度（厘米）深浅从高到低依次分为 6 级（＞150、101～150、76～100、51～75、26～50、≤25）进入地力评价系统。

②耕层厚度：按其厚度（厘米）深浅从高到低依次分为 6 级（＞30、26～30、21～25、16～20、11～15、≤10）进入地力评价系统。

③质地构型：代县耕地质地构型主要分为通体型（包括通体壤、通体黏、通体沙）、夹沙（包括壤夹沙、黏夹沙）、底沙、夹黏（包括壤夹黏、沙夹黏）、深黏、夹砾、底砾、通体少砾、通体多砾、通体少姜、浅姜、通体多姜等。

（2）耕层土壤理化性状：分为较稳定的理化性状（容重、质地、有机质、pH）和易变化的化学性状（有效磷、速效钾）两大部分。

①质地：影响水肥保持及耕作性能。按卡庆斯基制的 6 级划分体系来描述，分别为沙土、沙壤、轻壤、中壤、重壤、黏土。

②有机质：土壤肥力的重要指标，直接影响耕地地力水平。按其含量（克/千克）从高到低依次分为 6 级（＞25.00、20.01～25.00、15.01～20.00、10.01～15.00、5.01～10.00、≤5.00）进入地力评价系统。

③pH：过大或过小，作物生长发育受抑。按照耕地土壤的 pH 范围，按其测定值由低到高依次分为 6 级（6.0～7.0、7.0～7.9、7.9～8.5、8.5～9.0、9.0～9.5、≥9.5）进入地力评价系统。

④有效磷：按其含量（毫克/千克）从高到低依次分为 6 级（＞25.00、20.1～25.00、15.1～20.00、10.1～15.00、5.1～10.00、≤5.00）进入地力评价系统。

⑤速效钾：按其含量（毫克/千克）从高到低依次分为 6 级（＞200、151～200、101～150、81～100、51～80、≤50）进入地力评价系统。

3. 农田基础设施条件

园（梯）田化水平：按园田化和梯田类型及其熟化程度分为地面平坦、园田化水平高，地面基本平坦、园田化水平较高，高水平梯田，缓坡梯田，新修梯田，坡耕地 6 种类型。

二、耕地地力评价方法及流程

1. 技术方法

（1）文字评述法：对一些概念性的评价因子（如地形部位、土壤母质、质地构型、质地、灌溉保证率等）进行定性描述。

（2）专家经验法（特尔菲法）：邀请山西农业大学资源环境学院、山西省农业厅土壤肥料工作站、各市县具有一定学术水平和农业生产实践经验的土壤肥料界的 18 名专家，参与评价因素的筛选和隶属度确定（包括概念型和数值型评价因子的评分），见表 2-1。

表 2-1　各评价因子专家打分意见

因子	平均值	众数值	建议值
立地条件（C_1）	1.6	1（11）	1
土体构型（C_2）	3.2	3（9）5（6）	3
较稳定的理化性状（C_3）	3.5	3（6）5（9）	4
易变化的化学性状（C_4）	3.8	5（9）4（6）	5
农田基础建设（C_5）	1.47	1（15）	1
地形部位（A_1）	1.8	1（13）	2
成土母质（A_2）	4.3	3（6）6（10）	5
田面坡度（A_3）	2.1	2（10）3（6）	2
耕层厚度（A_4）	3.0	3（10）4（6）	3
耕层质地（A_5）	3.4	3（9）5（7）	3
有机质（A_6）	2.7	2（5）3（11）	3
盐渍化程度（A_7）	3.1	3（9）4（7）	3
pH（A_8）	4.0	4（8）5（8）	4
有效磷（A_9）	3.0	3（6）4（9）	3
速效钾（A_{10}）	3.8	4（5）5（8）	4
灌溉保证率（A_{11}）	1.2	1（16）	1

（3）模糊综合评判法：应用这种数理统计的方法对数值型评价因子（如田面坡度、耕层厚度、有机质、有效磷、速效钾、酸碱度、园田化水平等）进行定量描述，即利用专家给出的评分（隶属度）建立某一评价因子的隶属函数（表 2-2）。

表 2-2　代县耕地地力评价数字型因子分级及其隶属度

评价因子	量纲	1 级	2 级	3 级	4 级	5 级	6 级
		量值	量值	量值	量值	量值	量值
田面坡度	°	<2.0	2.0~5.0	5.1~8.0	8.1~15.0	51.1~25.0	≥25
耕层厚度	厘米	>30	26~30	21~25	16~20	11~15	≤10
有机质	克/千克	>25.0	20.01~25.00	15.01~20.00	10.01~15.00	5.01~10.00	≤5.00
pH	—	6.7~7.0	7.1~7.9	8.0~8.5	8.6~9.0	9.1~9.5	≥9.5
有效磷	毫克/千克	>25.0	20.1~25.0	15.1~20.0	10.1~15.0	5.1~10.0	≤5.0
速效钾	毫克/千克	>200	151~200	101~150	81~100	51~80	≤50

（4）层次分析法：用于计算各参评因子的组合权重。本次评价，把耕地生产性能（即耕地地力）作为目标层（G 层），把影响耕地生产性能的立地条件、土体构型、较稳定的理化性状、易变化的化学性状、农田基础设施条件作为准则层（C 层），再把影响准则层中的各因素的项目作为指标层（A 层），建立耕地地力评价层次结构图。在此基础上，由 18 名专家分别对不同层次内各参评因素的重要性做出判断，构造出不同层次间的判断矩阵。最后计算出各评价因子的组合权重。

（5）指数和法：采用加权法计算耕地地力综合指数，即将各评价因子的组合权重与相应的因素等级分值（即由专家经验法或模糊综合评价法求得的隶属度）相乘后累加，如：

$$IFI = \sum B_i \times A_i (i = 1, 2, 3 \cdots, 12)$$

式中：IFI——耕地地力综合指数；

B_i——第 i 个评价因子的等级分值；

A_i——第 i 个评价因子的组合权重。

2. 技术流程

（1）应用叠加法确定评价单元：把基本农田保护区规划图与土地利用现状图、土壤图叠加形成的图斑作为评价单元。

（2）空间数据与属性数据的连接：用评价单元图分别与各个专题图叠加，为第一评价单元获取相应的属性数据。根据调查结果，提取属性数据进行补充。

（3）确定评价指标：根据全国耕地地力调查评价指数表，由山西省土壤肥料工作站组织 18 名专家，采用特尔菲法和模糊综合评判法确定代县耕地地力评价因子及其隶属度。

（4）数据标准化：计算各评价因子的隶属函数，对各评价因子的隶属度数值进行标准化。

（5）应用累加法计算每个评价单元的耕地地力综合指数。

（6）划分地力等级：分析综合地力指数分布，确定耕地地力综合指数的分级方案，划分地力等级。

（7）归入农业部地力等级体系：选择 10% 的评价单元，调查近 3 年粮食单产（或用基础地理信息系统中已有资料），与以粮食作物产量为引导确定的耕地基础地力等级进行相关分析，找出两者之间的对应关系，将评价的地力等级归入农业部确定的等级体系（NY/T 309—1996 全国耕地类型区、耕地地力等级划分）。

（8）采用 GIS、GPS 系统编绘各种养分图和地力等级图等图件。

三、耕地地力评价标准体系建立

1. 耕地地力要素的层次结构 代县耕地地力要素的层次结构，见图 2-2。

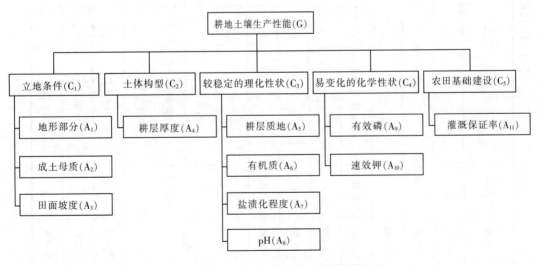

图 2-2 耕地地力要素层次结构

2. 耕地地力要素的隶属度

（1）概念性评价因子：各评价因子的隶属度及其描述见表 2-3。

表2-3 代县耕地地力评价概念性因子隶属度及其描述

地形部位	描述	河漫滩	一级阶地	二级阶地	高阶地	垣地	洪积扇	倾斜平原	梁地	峁地	坡麓	沟谷
	隶属度	0.7	1.0	0.9	0.7	0.4	0.4	0.8	0.2	0.2	0.1	0.6

母质类型	描述	洪积物	河流冲积物	黄土状冲积物	残积物	保德红土	马兰黄土	离石黄土
	隶属度	0.7	0.9	1.0	0.2	0.3	0.5	0.6

质地构型	描述	通体壤	黏夹沙	底沙	壤夹黏	壤夹沙	通体黏	沙夹黏	夹砾	底砾	少砾	多砾	浅姜	少姜	多姜	通体沙	浅钙积
	隶属度	1.0	0.6	0.7	1.0	0.9	0.6	0.3	0.6	0.7	0.8	0.2	0.4	0.8	0.2	1.0	0.5

耕层质地	描述	沙土	沙壤	轻壤	中壤	重壤	黏土
	隶属度	0.2	0.6	0.8	1.0	0.8	0.4

盐渍化程度		无	轻	中	重
描述（全盐量）	苏打为主	苏打为主，<0.1%	0.1%~0.3%	0.3%~0.5%	≥0.5%
	氯化物为主	氯化物为主，<0.2%	0.2%~0.4%	0.4%~0.6%	≥0.6%
	硫酸盐为主	硫酸盐为主，<0.3%	0.3%~0.5%	0.5%~0.7%	≥0.7%
隶属度		1.0	0.7	0.4	0.1

灌溉保证率	描述	充分满足	基本满足	一般满足	无灌溉条件
	隶属度	1.0	0.7	0.4	0.1

（2）数值型评价因子：各评价因子的隶属函数（经验公式）见表 2-4。

3. 耕地地力要素的组合权重 应用层次分析法所计算的各评价因子的组合权重见表 2-5。

4. 耕地地力分级标准 代县耕地地力分级标准见表 2-6。

表 2-4 代县耕地地力评价数值型因子隶属函数

函数类型	评价因子	经验公式	C	U_t
戒下型	地面坡度（°）	$y=1/\left[1+6.492\times10^{-3}\times(u-c)^2\right]$	3.00	≥25.00
戒上型	耕层厚度（厘米）	$y=1/\left[1+4.057\times10^{-3}\times(u-c)^2\right]$	33.80	≤10.00
戒下型	土壤容重（克/厘米^3）	$y=1/\left[1+3.99^4\times(u-c)^2\right]$	1.08	≥1.42
戒上型	有机质（克/千克）	$y=1/\left[1+2.912\times10^{-3}\times(u-c)^2\right]$	28.40	≤5.00
戒下型	pH	$y=1/\left[1+0.5156\times(u-c)^2\right]$	7.00	≥9.50
戒上型	有效磷（毫克/千克）	$y=1/\left[1+3.035\times10^{-3}\times(u-c)^2\right]$	28.80	≤5.00
戒上型	速效钾（毫克/千克）	$y=1/\left[1+5.389\times10^{-5}\times(u-c)^2\right]$	228.76	≤50.00

表 2-5 代县耕地评价采用的 11 项评价指标

指标层	准则层					组合权重
	C_1	C_2	C_3	C_4	C_5	$\sum C_i A_i$
	0.400 6	0.067 4	0.168 3	0.116 6	0.247 1	1.000 0
A_1 地形部位	0.572 8					0.229 5
A_2 成土母质	0.167 5					0.067 1
A_3 田面坡度	0.259 7					0.104 0
A_4 耕层厚度		1.000 0				0.067 4
A_5 耕层质地			0.338 9			0.057 0
A_6 有机质			0.197 2			0.033 2
A_7 盐渍化程度			0.275 8			0.046 4
A_8 pH			0.188 1			0.031 6
A_9 有效磷				0.698 1		0.081 4
A_{10} 速效钾				0.301 9		0.035 3
A_{11} 灌溉保证率					1.000 0	0.247 1

表 2-6 代县耕地地力等级标准

等 级	生产能力综合指数
一级地	≥0.75
二级地	0.70～0.75
三级地	0.57～0.70
四级地	0.46～0.57
五级地	0.44～0.46
六级地	0.36～0.44

第六节 耕地资源管理信息系统建立

一、耕地资源管理信息系统的总体设计

(一) 总体目标

耕地资源信息系统以一个县行政区域内耕地资源为管理对象，应用GIS技术对辖区内的地形、地貌、土壤、土地利用、农田水利、土壤污染、农业生产基本情况、基本农田保护区等资料进行统一管理，构建耕地资源基础信息系统，并将此数据平台与各类管理模型结合，对辖区内的耕地资源进行系统的动态管理，为农业决策者、农民和农业技术人员提供耕地质量动态变化、土壤适宜性、施肥咨询、作物营养诊断等多方位的信息服务。

本系统行政单元为村，农田单元为基本农田保护块，土壤单元为土种，系统基本管理单元为土壤、基本农田保护块、土地利用现状叠加所形成的评价单元。

1. 系统结构 耕地资源管理信息系统结构见图 2-3。

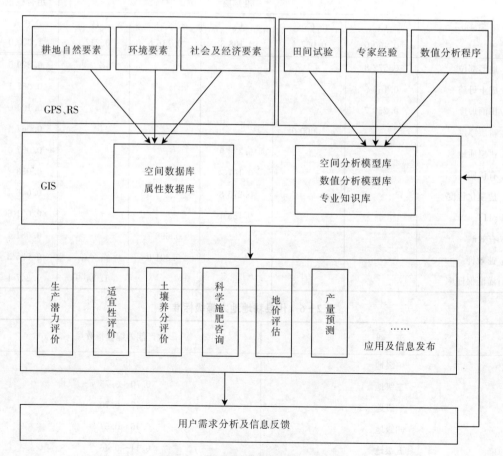

图 2-3 耕地资源管理信息系统结构

2. 县域耕地资源管理信息系统建立工作流程　见图 2-4。

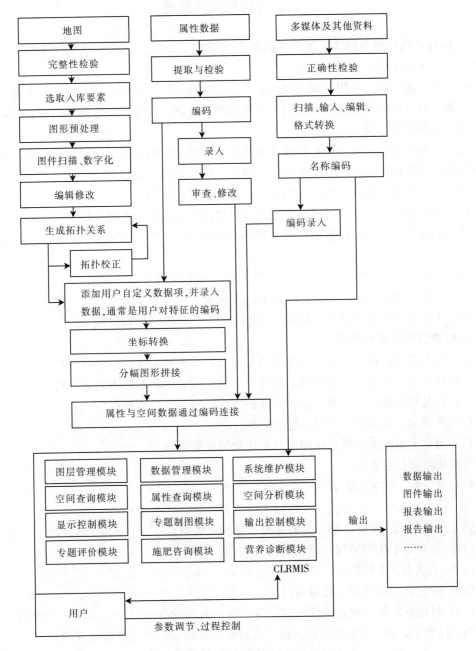

图 2-4　县域耕地资源管理信息系统建立工作流程

3. CLRMIS、硬件配置

（1）硬件：P5 及其兼容机，≥1G 的内存，≥20G 硬盘，A4 扫描仪，彩色喷墨打印机。

（2）软件：Windows 2000/XP，Excel 2000/XP 等。

二、资料收集与整理

1. 图件资料收集与整理 图件资料指印刷的各类地图、专题图以及商品数字化矢量和栅格图。图件比例尺为 1∶50 000 和 1∶10 000。

(1) 地形图：统一采用中国人民解放军总参谋部测绘局测绘的地形图。由于近年来公路、水系、地形地貌等变化较大，因此采用水利、公路、规划、国土等部门的有关最新图件资料对地形图进行修正。

(2) 行政区划图：由于近年撤乡并镇等工作致使部分地区行政区划变化较大，因此按最新行政区划进行修正，同时注意名称、拼音、编码等的一致。

(3) 土壤图及土壤养分图：采用第二次土壤普查成果图。

(4) 基本农田保护区现状图：采用国土局最新划定的基本农田保护区图。

(5) 地貌类型分区图：根据地貌类型将辖区内农田分区，采用第二次土壤普查分类系统绘制成图。

(6) 土地利用现状图：采用 2009 年第二次土地调查成果及现状图。

(7) 土壤肥力监测点点位图：在地形图上标明准确位置及编号。

(8) 土壤普查土壤采样点点位图：在地形图上标明准确位置及编号。

2. 数据资料收集与整理

(1) 基本农田保护区一级、二级地块登记表，国土局基本农田划定资料。

(2) 其他有关基本农田保护区划定统计资料，国土局基本农田划定资料。

(3) 近几年粮食单产、总产、种植面积统计资料（以村为单位）。

(4) 其他农村及农业生产基本情况资料。

(5) 历年土壤肥力监测点田间记载及化验结果资料。

(6) 历年肥情点资料。

(7) 县、乡、村名编码表。

(8) 近几年土壤、植株化验资料（土壤普查、肥力普查等）。

(9) 近几年主要粮食作物、主要品种产量构成资料。

(10) 各乡历年化肥销售、使用情况。

(11) 土壤志、土种志。

(12) 特色农产品分布、数量资料。

(13) 当地农作物品种及特性资料，包括各个品种的全生育期、大田生产潜力、最佳播种期、播种量、100 千克籽粒需氮量、需磷量、需钾量，及品种特性介绍。

(14) 一元、二元、三元肥料肥效试验资料，计算不同地区、不同土壤、不同作物品种的肥料效应函数。

(15) 不同土壤、不同作物基础地力产量占常规产量比例资料。

3. 文本资料收集与整理

(1) 全县及各乡（镇）基本情况描述。

(2) 各土种性状描述，包括其发生、发育、分布、生产性能、障碍因素等。

4. 多媒体资料收集与整理

(1) 土壤典型剖面照片。

(2) 土壤肥力监测点景观照片。

(3) 当地典型景观照片。

(4) 特色农产品介绍（文字、图片）。

(5) 地方介绍资料（图片、录像、文字、音乐）。

三、属性数据库建立

（一）属性数据内容

GLRMIS 主要属性资料及其来源见表 2 - 7。

表 2 - 7　CLRMIS 主要属性资料及其来源

编号	名　称	来　源
1	湖泊、面状河流属性表	水利局
2	堤坝、渠道、线状河流属性数据	水利局
3	交通道路属性数据	交通局
4	行政界线属性数据	农业局
5	耕地及蔬菜地灌溉水、回水分析结果数据	农业局
6	土地利用现状属性数据	国土局、卫星图片解译
7	土壤、植株样品分析化验结果数据表	本次调查资料
8	土壤名称编码表	土壤普查资料
9	土种属性数据表	土壤普查资料
10	基本农田保护块属性数据表	国土局
11	基本农田保护区基本情况数据表	国土局
12	地貌、气候属性表	土壤普查资料
13	县乡村名编码表	统计局

（二）属性数据分类与编码

数据的分类编码是对数据资料进行有效管理的重要依据。编码的主要目的是节省计算机内存空间，便于用户理解使用。地理属性进入数据库之前进行编码是必要的，只有进行了正确的编码，空间数据库与属性数据库才能实现正确连接。编码格式有英文字母与数字组合。本系统主要采用数字表示的层次型分类编码体系，它能反映专题要素分类体系的基本特征。

（三）建立编码字典

数据字典是数据库应用设计的重要内容，是描述数据库中各类数据及其组合的数据集合，也称元数据。地理数据库的数据字典主要用于描述属性数据，其本身是一个特殊用途的文件，在数据库整个生命周期里都起着重要的作用。它避免重复数据项的出现，并提供了查询数据的唯一入口。

(四) 数据库结构设计

属性数据库的建立与录入可独立于空间数据库和 GIS 系统，可以在 Access、dBase、Foxbase 和 Foxpro 下建立，最终统一以 dBase 的 dbf 格式保存入库。下面以 dBase 的 dbf 数据库为例进行描述。

1. 湖泊、面状河流属性数据库 lake. dbf

字段名	属性	数据类型	宽度	小数位	量纲
lacode	水系代码	N	4	0	代码
laname	水系名称	C	20		
lacontent	湖泊贮水量	N	8	0	万米^3
laflux	河流流量	N	6		米^3/秒

2. 堤坝、渠道、线状河流属性数据 stream. dbf

字段名	属性	数据类型	宽度	小数位	量纲
ricode	水系代码	N	4	0	代码
riname	水系名称	C	20		
riflux	河流、渠道流量	N	6		米^3/秒

3. 交通道路属性数据库 traffic. dbf

字段名	属性	数据类型	宽度	小数位	量纲
rocode	道路编码	N	4	0	代码
roname	道路名称	C	20		
rograde	道路等级	C	1		
rotype	道路类型	C	1		(黑色/水泥/石子/土地)

4. 行政界线（省、市、县、乡、村）属性数据库 boundary. dbf

字段名	属性	数据类型	宽度	小数位	量纲
adcode	界线编码	N	1	0	代码
adname	界线名称	C	4		

adcode	
1	国界
2	省界
3	市界
4	县界
5	乡界
6	村界

5. 土地利用现状属性数据库 landuse. dbf

* 土地利用现状分类表。

字段名	属性	数据类型	宽度	小数位	量纲
lucode	利用方式编码	N	2	0	代码
luname	利用方式名称	C	10		

6. 土种属性数据表 soil. dbf

* 土壤系统分类表。

字段名	属性	数据类型	宽度	小数位	量纲
sgcode	土种代码	N	4	0	代码
stname	土类名称	C	10		
ssname	亚类名称	C	20		
skname	土属名称	C	20		
sgname	土种名称	C	20		
pamaterial	成土母质	C	50		
profile	剖面构型	C	50		

土种典型剖面有关属性数据

字段名	属性	数据类型	宽度	小数位	量纲
text	剖面照片文件名	C	40		
picture	图片文件名	C	50		
html	HTML 文件名	C	50		
video	录像文件名	C	40		

7. 土壤养分（pH、有机质、氮等等）**属性数据库 nutr ＊＊＊＊ . dbf**

本部分由一系列的数据库组成，视实际情况不同有所差异，如在盐碱土地区还包括盐分含量及离子组成等。

（1）pH 库 nutrph. dbf：

字段名	属性	数据类型	宽度	小数位	量纲
code	分级编码	N	4	0	代码
number	pH	N	4	1	

（2）有机质库 nutrom. dbf：

字段名	属性	数据类型	宽度	小数位	量纲
code	分级编码	N	4	0	代码
number	有机质含量	N	5	2	百分含量

（3）全氮量库 nutrN. dbf：

字段名	属性	数据类型	宽度	小数位	量纲
code	分级编码	N	4	0	代码
number	全氮含量	N	5	3	百分含量

（4）速效养分库 nutrP. dbf：

字段名	属性	数据类型	宽度	小数位	量纲
code	分级编码	N	4	0	代码
number	速效养分含量	N	5	3	毫克/千克

8. 基本农田保护块属性数据库 farmland. dbf

字段名	属性	数据类型	宽度	小数位	量纲
plcode	保护块编码	N	7	0	代码
plarea	保护块面积	N	4	0	亩
cuarea	其中耕地面积	N	6		
eastto	东至	C	20		
westto	西至	C	20		
sorthto	南至	C	20		
northto	北至	C	20		
plperson	保护责任人	C	6		
plgrad	保护级别	N	1		

9. 地貌、气候属性表 landform. dbf

* 地貌类型编码表。

字段名	属性	数据类型	宽度	小数位	量纲
landcode	地貌类型编码	N	2	0	代码
landname	地貌类型名称	C	10		
rain	降水量	C	6		

10. 基本农田保护区基本情况数据表 （略）

11. 县、乡、村名编码表

字段名	属性	数据类型	宽度	小数位	量纲
vicodec	单位编码—县内	N	5	0	代码
vicoden	单位编码—统一	N	11		
viname	单位名称	C	20		
vinamee	名称拼音	C	30		

（五）数据录入与审核

数据录入前仔细审核，数值型资料注意量纲、上下限，地名应注意汉字多音字、繁简体、简全称等问题，审核定稿后再录入。录入后仔细检查，保证数据录入无误后，将数据库转为规定的格式（DBASE 的 DBF 文件格式文件），再根据数据字典中的文件名编码命名后保存在规定的子目录下。

文字资料以 TXT 格式命名保存，声音、音乐以 WAV 或 MID 文件保存，超文本以 HTML 格式保存，图片以 BMP 或 JPG 格式保存，视频以 AVI 或 MPG 格式保存，动画以 GIF 格式保存。这些文件分别保存在相应的子目录下，其相对路径和文件名录入相应的属性数据库中。

四、空间数据库建立

（一）数据采集的工艺流程

在耕地资源数据库建设中，数据采集的精度直接关系到现状数据库本身的精度和今后的应用，数据采集的工艺流程是关系到耕地资源信息管理系统数据库质量的重要基础工作。因此对数据的采集制定了一个详尽的工艺流程。首先，对收集的资料进行分类检查、整理与预处理；其次，按照图件资料介质的类型进行扫描，并对扫描图件进行扫描校正；再次，进行数据的分层矢量化采集、矢量化数据的检查；最后，对矢量化数据进行坐标投影转换与数据拼接工作以及数据、图形的综合检查和数据的分层与格式转换。

具体数据采集的工艺流程见图2-5。

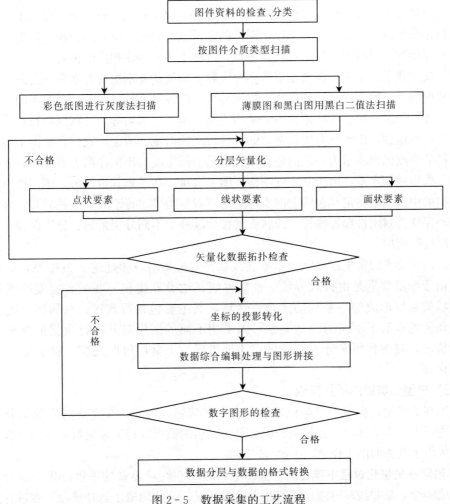

图2-5 数据采集的工艺流程

（二）图件数字化

1. 图件的扫描　由于所收集的图件资料为纸介质的图件资料，所以采用灰度法进行扫描。扫描的精度为 300dpi。扫描完成后将文件保存为 ＊.TIF 格式。在扫描过程中，为了能够保证扫描图件的清晰度和精度，我们对图件先进行预见扫描。在预见扫描过程中，检查扫描图件的清晰度，其清晰度必须能够区分图内的各要素，然后利用 contex. fss8300 扫描仪自带的 CADimage/scan 扫描软件进行角度校正，角度校正后必须保证图幅下方两个内图廓点的连线与水平线的角度误差小于 0.2°。

2. 数据采集与分层矢量化　对图形的数字化采用交互式矢量化方法，确保图形矢量化的精度。在耕地资源信息系统数据库建设中需要采集的要素有：点状要素、线状要素和面状要素。由于所采集的数据种类较多，所以必须对所采集的数据按不同类型进行分层采集。

（1）点状要素的采集：可以分为两种类型，一种是零星地类；另一种是注记点。零星地类包括一些有点位的点状零星地类和无点位的零星地类。对于有点位的零星地类，在数据的分层矢量化采集时，将点标记置于点状要素的几何中心点，对于无点位的零星地类在分层矢量化采集时，将点标记置于原始图件的定位点。农化点位、污染源点位等注记点的采集按照原始图件资料中的注记点，在矢量化过程中一一标注相应的位置。

（2）线状要素的采集：在耕地资源图件资料上的线状要素主要有水系、道路、带有宽度的线状地物界、地类界、行政界线、权属界线、土种界、等高线等，对于不同类型的线状要素，进行分层采集。线状地物主要是指道路、水系、沟渠等，线状地物数据采集时考虑到有些线状地物，由于其宽度较宽，如一些较大的河流、沟渠，它们在地图上可以按照图件资料的宽度比例表示为一定的宽度，则按其实际宽度的比例在图上表示；有些线状地物，如一些道路和水系，由于其宽度不能在图上表示，在采集其数据时，则按栅格图上的线状地物的中轴线来确定其在图上的实际位置。对地类界、行政界、土种界和等高线数据的采集，保证其封闭性和连续性。线状要素按照其种类不同分层采集、分层保存，以备数据分析时进行利用。

（3）面状要素的采集：面状要素要在线状要素采集后，通过建立拓扑关系形成区后进行，由于面状要素是由行政界线、权属界线、地类界线和一些带有宽度的线状地物界等面状要素所形成的一系列的闭合性区域，其主要包括行政区、权属区、土壤类型区等图斑。所以对于不同的面状要素，因采用不同的图层对其进行数据的采集。考虑到实际情况，将面状要素分为行政区层、地类层、土壤层等图斑层。将分层采集的数据分层保存。

（三）矢量化数据的拓扑检查

由于在矢量化过程中不可避免地要存在一些问题，因此，在完成图形数据分层矢量化，要进行下一步工作时，必须对分层矢量化以后的数据进行矢量化数据的拓扑检查，主要是完成以下几方面的工作。

1. 消除在矢量化过程中存在的一些悬挂线段　在线状要素的采集过程中，为了保证线段完成闭合，某些线段可能出现互相交叉的情况，这些均属于悬挂线段。在进行悬挂线段的检查时，首先使用 MapGIS 的线文件拓扑检查功能，自动对其检查和清除。如果其不能够自动清除的，则对照原始图件资料进行手工修正。对线状要素进行矢量化数据检查完成以后，随即由作图员对所矢量化的数据与原始图件资料相对比进行检查。如果在对检查过程中发现有一些通过拓扑检查所不能够解决的问题，矢量化数据的精度不符合精度要求的，或者是某些线状要素存在着一定的移位而难以校正的，则对其中的线状要素进行重新矢量化。

2. 检查图斑和行政区等面状要素的闭合性　图斑和行政区是反映一个地区耕地资源状况的重要属性。在对图件资料中的面状要素进行数据的分层矢量化采集中，由于图件资料中所涉及的图斑较多，在数据的矢量化采集过程中，有可能存在着一些图斑或行政界的不闭合情况，可以利用 MapGIS 的区文件拓扑检查功能，对在面状要素分层矢量化采集过程中所保存的一系列区文件进行适量化数据的拓扑检查。在拓扑检查过程中可以消除大多数区文件的不闭合情况。对于不能够自动消除的，通过与原始图件资料的相互检查，消除其不闭合情况。如果通过适量化以后的区文件的拓扑检查，可以消除在适量化过程中所出现的上述问题，则进行下一步工作，如果在拓扑检查以后还存在一些问题，则对其进行重新矢量化，以确保系统建设的精度。

（四）坐标的投影转换与图件拼接

1. 坐标转换　在进行图件的分层矢量化采集过程中，所建立的图面坐标系（单位为毫米），而在实际应用中，则要求建立平面直角坐标系（单位为米）。因此，必须利用 MapGIS 所提供的坐标转换功能，将图面坐标转换成为正投影的大地直角坐标系。在坐标转换过程中，为了能够保证数据的精度，可根据提供数据源的图件精度的不同，在坐标转换过程中，采用不同的质量控制方法进行坐标转换工作。

2. 投影转换　县级土地利用现状数据库的数据投影方法采用高斯投影，也就是将进行坐标转换以后的图形资料，按照大地坐标系的经纬度坐标进行转换，以便以后进行图件拼接。在进行投影转换时，对 1∶10 000 土地利用图件资料，投影的分带宽度为 3°。但是根据地形的复杂程度，行政区的跨度和图幅的具体情况，对于部分图形采用非标准的 3°分带高斯投影。

3. 图件拼接　代县提供的 1∶10 000 土地利用现状图是采用标准分幅图，在系统建设过程中应把图幅进行拼接，在图斑拼接检查过程中，相邻图幅间的同名要素误差应小于 1毫米，这时移动其任何一个要素进行拼接，同名要素间距为 1～3 毫米的处理方法是将两个要素各自移动一半，在中间部分结合，这样图幅拼接完全满足了精度要求。

五、空间数据库与属性数据库的连接

MapGIS 系统采用不同的数据模型分别对属性数据和空间数据进行存储管理，属性数据采用关系模型，空间数据采用网状模型。两种数据的连接非常重要。在一个图幅工作单元 Coverage 中，每个图形单元由一个标识码来唯一确定。同时一个 Coverage 中可以若干个关系数据库文件即要素属性表，用以完成对 Coverage 的地理要素的属性描述。图形单元标识码是要素属性表中的一个关键字段，空间数据与属性数据以此字段形成关联，完成对地图的模拟。这种关联是 MapGIS 的两种模型连成一体，可以方便地从空间数据检索属性数据或者从属性数据检索空间数据。

对属性与空间数据的连接采用的方法是：在图件矢量化过程中，标记多边形标识点，建立多边形编码表，并运 MapGIS 将用 foxpro 建立的属性数据库自动连接到图形单元中，这种方法可由多人同时进行工作，速度较快。

第三章　耕地土壤属性

第一节　耕地土壤类型

一、耕地土壤类型及分布

根据全国第二次土壤普查及 1983 年山西省土壤分类系统，代县土壤分为 7 个土类、13 个亚类、47 个土属、61 个土种。以后根据山西省土壤工作分类，将代县土壤分类变更为：代县土壤分为 8 个土类、14 个亚类、31 个土属、46 个土种。具体分布情况见表 3－1。

全县耕地土壤类型有四大土类（栗褐土、褐土、潮土和水稻土），8 个亚类（栗褐土、淋溶褐土、褐土性土、石灰性土、脱潮土、潮土、盐化潮土和盐渍性水稻土），20 个土属（麻沙质栗褐土、灰泥质栗褐土、黄土质栗褐土、黄土状栗褐土、麻沙质淋溶褐土、灰泥质淋溶褐土、黄土质淋溶褐土、灰泥质褐土性土、沟淤褐土性土、黄土质褐土性土、黑垆土质褐土性土、洪积褐土性土、黄土状石灰性褐土、洪积石灰性褐土、洪冲积脱潮土、冲积潮土、硫酸盐盐化潮土、氯化物盐化潮土、混合盐化潮土、洪冲积盐渍型水稻土），31 个土种（麻沙质栗黄土、耕麻沙质栗黄土、灰泥质栗黄土、耕栗黄土、卧栗黄土、麻沙质淋土、耕麻沙质淋土、耕灰泥质淋土、黄淋土、耕黄淋土、灰泥质立黄土、夹砾沟淤土、底砾沟淤土、耕立黄土、耕二合立黄土、耕黑立黄土、底砾洪立黄土、二合夹砾洪立黄土、耕洪立黄土、深黏黄垆土、底黑黄垆土、洪黄垆土、洪脱潮土、耕二合潮土、绵潮土、轻白盐潮土、耕轻白盐潮土、耕重白盐潮土、中盐潮土、轻混盐潮土、盐性田）。具体情况见表 3－2。

二、耕地土壤类型特征及主要生产性能

下面仅就耕地土壤进行论述。

（一）栗褐土

栗褐土主要分布于恒山山脉的胡峪乡、磨坊乡、雁门关乡的背坡地带，海拔为 1 250～2 140 米。

该土所处地区地势高亢，气温较低而变幅大，多风与干旱处在同一时期，所以风沙较大，风蚀、水蚀均较严重。

由于气候干旱，植物根系又都是多年生的粗根，所以每年为土壤增加的有机质并不多，而且植物体一般是在夏季高温干旱而死亡，好气分解比较旺盛。因此，有机矿质化的强度远大于腐殖质的累积强度，从而决定了栗褐土的腐殖质含量比较低，形成的腐殖质层较薄，结构也较差。

由于气候比较干燥，土壤淋溶较弱，降水只能淋洗易溶的氮、硫、钠、钾等盐类，

表 3-1 代县土壤类型对照

土类 县命名	土类 省命名	亚类 县命名	亚类 省命名	土属 县命名	土属 省命名	土种 县命名	土种 省命名
1 山地草甸土	山地草甸土 M	1 山地草原甸土	山地草甸原甸土 M. a	1 千枚岩质山地草原草甸土	麻沙质山地草甸土 M. a. 1	01 薄层千枚岩质山地草原草甸土	
						02 中厚层干枚岩质山地草原草甸土	麻沙质潮毡土(中厚层花岗片麻岩类山地草甸土) M. a. 1. 244
				2 耕种千枚岩质山地草原甸土		03 中厚层耕种干枚岩质山地草原草甸土	
				5 绢云母片岩质山地草原草甸土	灰泥质山地草甸原甸土 M. a. 4	06 中厚层绢云母片岩质山地草原草甸土	灰泥质潮毡土(中厚层碳酸盐岩类山地草甸土) M. a. 4. 247
			山地草原甸土 M. b	3 黑云角闪长片麻岩质山地草原甸土	麻沙质山地草甸原甸土 M. b. 1	04 中厚层黑云角闪长片麻岩质山地草原草甸土	麻沙质草毡土(中厚层花岗片麻岩类山地草甸原甸土) M. b. 1. 251
				4 石灰岩质山地草原甸土		05 中厚层石灰岩质山地草原甸土	
				6 白云岩质山地草原甸土	灰泥质山地草甸原甸土 M. b. 2	07 中厚层白云岩质山地草原草甸土	灰泥质草毡土(中厚层碳酸盐岩类山地草甸原甸土) M. b. 2. 252
				7 黄土质山地草原甸土	黄土质山地草甸原甸土 M. b. 3	08 中厚层黄土质山地草原草甸土	草毡土(中厚层黄土质山地草原草甸土) M. b. 3. 253
2 山地棕壤	棕壤 A	2 山地棕壤	棕壤 A. a	8 干枚岩质山地棕壤	泥质棕壤 A. a. 3	09 中厚层干枚岩质山地棕壤	泥质棕林土(中厚层干枚岩质棕壤) A. a. 3. 003
				9 花岗片麻岩质山地棕壤	麻沙质棕壤 A. a. 1	10 薄层花岗片麻岩质山地棕壤	麻沙质棕林土(中厚层花岗片麻岩类棕壤) A. a. 1. 001
		3 山地生草棕壤	棕壤性土 A. b	10 花岗片麻岩质山地生草棕壤	麻沙质棕壤性土 A. b. 1	11 中厚层花岗片麻岩质山地生草棕壤	麻沙质棕土(中厚层花岗片麻岩类棕壤性土) A. b. 1. 010

（续）

土　类		亚　类		土　属		土　种	
县命名	省命名	县命名	省命名	县命名	省命名	县命名	省命名
3 栗钙土	栗褐土 D	4 山地淡栗钙土	栗褐土 D.a	11 斜长角闪片麻岩质山地淡栗钙土	麻沙质栗褐土 D.a.1	12 薄层斜长角闪片麻岩质山地淡栗钙土	薄麻沙质栗黄土（薄层花岗片麻岩类栗黄土）D.a.1.167
				12 花岗片麻岩质山地淡栗钙土		13 中厚层花岗片麻岩质山地淡栗钙土	麻沙质栗黄土（中厚层花岗片麻岩类栗褐土）D.a.1.168
				13 耕种花岗片麻岩质山地淡栗钙土		14 中厚层花岗片麻岩质山地淡栗钙土	
						15 薄层耕种花岗片麻岩质山地淡栗钙土	耕种中厚层栗黄土（耕种中厚层花岗片麻岩类栗褐土）D.a.1.169 (A-B-C-R)
				16 石灰岩质山地淡栗钙土	灰泥质栗褐土 D.a.4	18 中厚层石灰岩质山地淡栗钙土	灰泥质栗黄土（中厚层栗褐土）或栗褐岩类碳酸盐岩类栗褐土（A-BC-R）D.a.4.174
				14 耕种黄土质山地淡栗钙土	黄土质栗褐土 D.a.5	16 中厚层耕种黄土质山地淡栗钙土	耕种黄壤黄土质栗褐土 D.a.5.176 (A-B-C)
				15 耕种沟淤山地淡栗钙土	黄土状栗褐土 D.a.7	17 中厚层耕种沟淤山地淡栗钙土	卧栗黄土（耕种黄土状栗褐土）D.a.7.184 (A-B-C)
4 褐土	粗骨土 K	6 山地褐土	中性粗骨土 K.a	23 千枚岩质山地褐土	麻沙质中性粗骨土 K.a.1	26 薄层千枚岩质山地褐土	
				25 斜长黑云角闪片麻岩质山地褐土		30 薄层斜长黑云角闪长片麻岩质山地褐土	薄麻渣土（薄层花岗片麻岩类岩中性粗骨土）K.a.1.232
				26 花岗片麻岩质山地褐土		32 薄层花岗片麻岩质山地褐土	
						27 中厚层千枚岩质山地褐土	
						31 中厚层斜长黑云角闪长片麻岩质山地褐土	麻渣土（中厚层花岗片麻岩类岩中性粗骨土）K.a.1.233
						33 中厚层花岗片麻岩质山地褐土	
				27 玄武岩质山地褐土	铁铝质中性粗骨土 K.a.3	34 薄层玄武岩质山地褐土	浮石渣土（薄层玄武岩类中性粗骨土）K.a.3.236

（续）

土类 县命名	土类 省命名	亚类 县命名	亚类 省命名	土属 县命名	土属 省命名	土种 县命名	土种 省命名
4 褐土	褐土 B	5 淋溶褐土	淋溶褐土 (B.c)	17 千枚岩质淋溶褐土	麻沙淋溶褐土 B.c.1	19 薄层沙质淋溶褐土	薄麻沙质淋溶褐土（薄层花岗岩片麻岩类淋溶褐土）B.c.1.046
						20 中厚层干枚岩质淋溶褐土	麻沙质淋溶褐土（中厚层花岗岩片麻岩类淋溶褐土）B.c.1.047
				21 耕种花岗片麻岩质淋溶褐土		24 中厚层耕种花岗片麻岩质淋溶褐土	耕麻沙质淋溶褐土（耕种中厚层花岗岩片麻岩类淋溶褐土）B.c.1.048（A（h）-B-C-R）
				18 泥页岩质淋溶褐土	灰泥质淋溶褐土 B.c.6	21 中厚层泥页岩质淋溶褐土	灰泥质淋溶褐土（中厚层碳酸盐类淋溶褐土）B.c.6.059
				22 耕种绢云母片岩质淋溶褐土		25 中厚层耕种绢云母片岩质淋溶褐土	耕灰泥质淋溶褐土（耕种中厚层碳酸盐类淋溶褐土）B.c.6.060（A-（B）-C-R）
				19 黄土质淋溶褐土	黄土质淋溶褐土 B.c.7	22 中厚层黄土质淋溶褐土	黄淋土（中厚层黄土质淋溶褐土）B.c.7.062
				20 耕种黄土质褐土		23 中厚层耕种黄土质淋溶褐土	耕黄淋土（耕种中厚层黄土质淋溶褐土）B.c.7.063（A-B-C）
		6 山地褐土	褐土性土 (B.e)	28 石灰岩质山地褐土	灰泥质褐土性土 B.e.3	35 中厚层石灰岩质山地褐土	灰泥质立黄土（中厚层碳酸盐类褐土性土）B.e.3.080
				29 耕种沟淤山地褐土		36 薄层耕种沟淤山地褐土	
				34 耕种沟淤褐土性土	沟淤褐土性土 B.e.8	37 中厚层耕种沟淤褐土	夹麻沟淤土（耕种浅位卵石沟淤褐土性土）B.e.8.125（A-Bgr-C）
						44 轻壤耕种沟淤褐土性土	底砾沟淤土（耕种深位卵石沟淤褐土性土）B.e.8.126（A-B-（k）-Cgr）
		7 褐土性土	黄土质褐土性土 B.e.4	24 黄土质山地褐土		28 薄层黄土质山地褐土	
				30 耕种黄土质褐土性土		29 中厚层耕种黄土质褐土	耕立黄土（耕种黄土质褐土性土）B.e.4.089（A-B-C）
						38 轻壤耕种黄土质褐土性土	耕二合黄土（耕种黏壤黄土质褐土性土）B.e.4.096（A-B-C）
			黑垆土质褐土性土 B.e.6	31 耕种黑垆土型褐土性土		39 轻壤耕种黑垆土型褐土	黑立黄土（耕种黑垆土质褐土性土）B.e.6.110（A-（B）-C）

（续）

土类 县命名	土类 省命名	亚类 县命名	亚类 省命名	土属 县命名	土属 省命名	土种 县命名	土种 省命名
4 褐土	褐土 B	7 褐土性土	褐土性土（B.e）	32 耕种洪积黄土褐土性土	洪积褐土性土 B.e.7	40 轻壤种深厚卵石耕种洪积黄土褐土性土	底砾洪立黄土（耕种深位沙砾层洪积褐土性土）B.e.7.115（A－（B）－C）
				33 耕种洪积沙砾质褐土性土		43 沙壤深位厚卵石少砾耕种洪积沙砾质褐土性土	
				32 耕种洪积黄土性土		42 轻壤浅位厚石少砾耕种洪积黄土褐土性土	二合夹砾洪立黄土（耕种壤深位沙砾层洪积褐土性土）（B.e.7.118）（A－（B）－C－R）
						41 轻壤种洪积少砾黄土褐土性土	耕洪立黄土（耕种壤洪积褐土性土）（B.e.7.112）（A－B－C）
		8 淡褐土	石灰性褐土（B.b）	35 耕种黄土状淡褐土	黄土状石灰性褐土（B.b.3）	45 沙壤耕种黄土状淡褐土	深黏黄垆土（耕种壤深位黏化层黄土状石灰性褐土）B.b.3.030（A－B－Ct(ca)）
				36 耕种黑垆土型淡褐土		46 轻壤耕种黄土状淡褐土	黄土状石灰性褐土 B.b.3.031
				35 耕种黄土状淡褐土		48 轻壤耕种黑垆土淡褐土	底黑黄垆土（耕种壤深位黑垆层黄土状石灰性褐土）（A－Bt－C）
						47 轻壤深位厚黑垆层耕种黄土状淡褐土	
				37 耕种洪积黄土淡褐土	洪积石灰性褐土 B.b.5	49 轻壤耕种洪积黄土淡褐土	洪黄黄土（耕种洪积黄土石灰性褐土）B.b.5.038（A－B－C）
						50 中壤耕种洪积黄土淡褐土	

（续）

土 类 县命名	土 类 省命名	亚 类 县命名	亚 类 省命名	土 属 县命名	土 属 省命名	土 种 县命名	土 种 省命名
5 草甸土	潮土 N	9 褐土化浅色草甸土	脱潮土 N.b	38 耕种褐土化浅色草甸土	洪冲积脱潮土 N.b.1	51 轻壤耕种褐土化浅色草甸土	洪脱潮土（耕种壤洪冲积脱潮土）N.a.2.292
		10 浅色草甸土	潮土 N.a	39 冲积浅色草甸土	冲积潮土 N.a.1	52 黏质体沙冲积浅色草甸土	耕二合潮土（耕种黏冲积潮土）N.a.1.263
				40 耕种冲积浅色草甸土		53 轻壤耕种冲积浅色草甸土	绵潮土（耕种壤冲积潮土）N.a.1.258
		11 盐化浅色草甸土	盐化潮土 N.d	41 氯化物硫酸盐盐化浅色草甸土		54 沙质轻度硫酸盐盐化浅色草甸土	轻白盐潮土（壤轻度硫酸盐化潮土）N.d.1.296（Ahz-B(g)-C）
				42 氯化物硫酸盐盐化耕种浅色草甸土	硫酸盐盐化潮土 N.d.1	55 壤质轻度硫酸盐盐化耕种浅色草甸土	耕轻白盐潮土（壤轻度硫酸盐盐化潮土）N.d.1.297（Ahz-B(g)-C）
						56 壤质重度硫酸盐盐化耕种浅色草甸土	耕重白盐潮土（耕种壤重度硫酸盐化潮土）N.d.1.307（Az-Ahz-Bg-C）
				43 硫酸盐氯化物盐化浅色草甸土		57 壤质中度氯化物盐化耕种浅色草甸土	中盐潮土（耕种壤中度氯化物盐化潮土）N.2.316（Ahz-Bg-C）
				44 氯化物苏打盐化耕种浅色草甸土	氯化物盐化潮土 N.d.2	58 沙质轻度盐化耕种浅色草甸土	轻混盐潮土（耕种壤轻度混合盐化潮土）N.d.4.326（A-Bg-C）
					混合盐化潮土 N.d.4		
6 盐土	盐土（P）	12 草甸盐土	草甸盐土（P.a）	45 草甸盐土		59 沙质草甸盐土	
				46 耕种苏打草甸盐土	苏打硫酸盐草甸盐土 P.a.5	60 壤质体沙冲种苏打草甸盐土	苏打白盐土（壤苏打硫酸盐草甸盐土）P.a.5.341．（A.hz-Bg-C）
7 水稻土	水稻土（Q）	13 盐渍性水稻土	盐渍型水稻土 Q.d	47 盐渍性水稻土	洪冲积盐渍型水稻土 Q.d.1	61 壤质盐渍性水稻	盐性田（黏洪冲积盐渍型水稻土）Q.d.1.351（A-Ap-C(w)）

表3-2　代县耕地土壤分类系统

土类	亚类	土属	土种
栗褐土 D	栗褐土 D.a	麻沙质栗褐土 D.a.1	麻沙质栗黄土 D.a.1.168
			耕麻沙质栗黄土 D.a.1.169 (A-B-C-R)
		灰泥质栗褐土 D.a.4	灰泥质栗黄土 D.a.4.174
		黄土质栗褐土 D.a.5	耕栗黄土 D.a.5.176 (A-B-C)
		黄土状栗褐土 D.a.7	邱栗黄土 D.a.7.184 (A-B-C)
褐土 (B)	淋溶褐土 (B.c)	麻沙质淋溶褐土 B.c.1	麻沙质淋溶土 B.c.1.047
			耕麻沙质淋溶褐土 B.c.1.048 (A (h) -B-C-R)
		灰泥质淋溶褐土 B.c.6	耕灰泥质淋溶褐土 B.c.6.060 (A-(B)-C-R)
		黄土质淋溶褐土 B.c.7	黄淋土 B.c.7.062
			耕黄淋土 B.c.7.063 (A-B-C)
	褐土性土 (B.e)	灰泥质褐土性土 B.e.3	灰泥质立黄土 B.e.3.080
		沟淤褐土性土 B.e.8	夹砾沟淤土 B.e.8.125 (A-Bgr-C)
			底砾沟淤土 B.e.8.126 (A-B-Cgr)
		黄土质褐土性土 B.e.4	立黄土 B.e.4.096 (A-B (k) -C)
			耕立黄土 B.e.4.089 (A-B-C)
		黑垆土质褐土性土 B.e.6	黑立黄土 B.e.6.110 (A-B-C)
			耕黑立黄土 B.e.6.115 (A-(B)-C)
		洪积褐土性土 B.e.7	底砾洪立黄土 B.e.7.115 (A-(B)-C)
			二合砾洪立黄土 (B.e.7.118) (A-(B)-C-R)
			耕洪立黄土 (B.e.7.112) (A-B-C)
	石灰性褐土 (B.b)	黄土状石灰性褐土 (B.b.3)	深黏黄炉土 B.b.3.030 -(A-B-Ct(ca))
			耕黄炉土 B.b.3.031 (A-Bt-C)
		洪积石灰性褐土 B.b.5	底黄炉土 B.b.5.038 (A-B-C)
潮土 N	脱潮土 N.b	洪冲积潮土 N.b.1	洪脱潮土 N.a.2.292
	潮土 N.a	冲积潮土 N.a.1	耕二合潮土 N.a.1.263 (A-Bg-C)
			绵潮土 N.a.1.258 (A-Bg-C)
	盐化潮土 N.d	硫酸盐盐化潮土 N.d.1	轻白盐潮土 N.d.1.296 (Ahz-B (g) -C)
			耕轻白盐潮土 N.d.1.297 (Ahz-B (g) -C)
			耕重白盐潮土 N.d.1.307 (Az-Ahz-Bg-C)
		氯化物盐化潮土 N.d.2	中盐潮土 N.d.2.316 (Ahz-Bg-C)
		混合盐化潮土 N.d.4	轻混盐潮土 N.d.4.326 (A-Bg-C)
水稻土 (Q)	盐渍型水稻土 Q.d	洪冲积盐渍型水稻土 Q.d.1	盐性田 Q.d.1.351 (A-Ap-C (w))

代县耕地地力评价与利用

钙、镁等盐类只部分淋失。因此土壤胶体表面和土壤溶液多为钙（或镁）所饱和，钙化过程十分明显。土壤表层的部分钙离子，可与植物残体分解产生的碳酸结合，形成重碳酸钙，向下移动，并以碳酸钙的形式淀积于土层的中下部累积起来，形成钙积层。在钙积层内可以看到粉末状的碳酸钙新生体，土层表现为黄白色而且变得相当紧实。根据土壤分类属性，全县只栗褐土1个亚类。

本亚类自然植被主要有本氏羽茅、铁秆蒿、酸刺、三桠绣线菊、柴胡、地榆、狗尾草、甜苦菜等，覆盖度为50％左右，土层薄厚不一，很少为农业所用。主要岩石类型有花岗片麻岩、石灰岩。根据其母质、岩石类型及熟化程度分为麻沙质栗褐土、灰泥质栗褐土、黄土质栗褐土、黄土状栗褐土4个土属。

1. 麻沙质栗褐土 本土属在雁门关乡、胡峪乡、磨坊乡均有分布，海拔为1 300～2 140米。

该土为残积坡积和残积、坡积物母质。土层厚薄不一，薄者只有14厘米，厚者可达75厘米；自然覆盖度较差，水土流失比较严重。土体中有中量石灰反应，呈微碱性反应。根据土层厚度分为麻沙质栗黄土、耕麻沙质栗黄土2个土种。

（1）麻沙质栗黄土：本土种分布于雁门关乡小沟村、东水泉、赵庄、麻布袋沟的大部分山地以及磨坊乡的南马圈一带。

典型剖面描述见表3-3。

剖面位置：雁门关乡小沟村中心S15°W，距离425米，海拔1 500米的银凹沟。

0～22厘米：灰褐色沙壤质土，结构屑粒，土层较紧实、稍润，植物根多。

22～52厘米：灰褐色沙壤质土，结构块状，土层紧实、润，植物根多。

52～75厘米：暗褐色轻壤质土，结构块状，土层紧实、润，有多量的粉状碳酸钙，植物根中量。

75～100厘米：为半风化层，植物根少。

100厘米以下为母岩。

全剖面中量的石灰反应且夹有少量砾石。

表3-3 麻沙质栗黄土典型剖面理化性状分析结果（1982年普查数据）

土层厚度（厘米）	有机质（％）	全氮（％）	全磷（％）	pH	CaCO₃（％）	代换量（me/百克土）	机械组成（％）		
							>0.01（毫米）	<0.01（毫米）	<0.001（毫米）
0～22	2.863	0.168	0.061	8.20	1.9	16.1	81.75	18.25	6.32
22～52	2.016	0.106	0.057	8.17	1.2	13.4	80.12	19.88	8.23
52～75	2.559	0.115	0.038	8.20	0.9	15.9	71.73	27.27	10.47

（2）耕麻沙质栗黄土：本土种典型剖面描述见表3-4。

剖面位置：磨坊乡大滩梁村中心S40°E，距离250米，海拔2 000米的南梁。

0～12厘米：灰褐色沙壤质土，结构屑粒，土层疏松、多孔、稍润，植物根多。

12～30厘米：橙黄色沙质土，结构粒状，土层松、多孔、润，植物根中量。

30～46厘米：为半风化物。

· 42 ·

46 厘米以下为母岩。

表层有弱石灰反应，全剖面呈微碱性反应。

表 3-4　耕麻沙质栗黄土典型剖面理化性状分析结果（1982 年普查数据）

土层厚度（厘米）	有机质（%）	全氮（%）	全磷（%）	pH	CaCO₃（%）	代换量（me/百克土）	机械组成（%）		
							>0.01（毫米）	<0.01（毫米）	<0.001（毫米）
0~12	1.071	0.077	0.073	7.62	0.0	7.3	87.12	12.88	5.78
12~30	0.615	0.034	0.099	7.57	0.0	2.5	94.33	5.67	1.84

该土种土层浅薄且有轻度侵蚀，因此保水肥性较差，土壤中钾素含量为 50~60 毫克/千克；磷素含量较低，为 2~4 毫克/千克。土壤耕性一般，土层薄、磷素含量缺乏，有水土流失现象。作物生长较差，主要种植莜麦、马铃薯、大豆等作物。

2. 灰泥质栗褐土　本土属分布于雁门关乡，海拔为 1 650~2 110 米的低山区。

该土母质为石灰岩残积坡积物；自然植被主要有蒿类、山菊花、三桠锈线菊，部分地方零星分布有桦树、酸刺等。所处地形坡度较陡，土层较厚，土体中有不同程度的石灰反应，由上而下逐渐增强，呈微碱性反应。根据土层厚度分为灰泥质栗黄土 1 个土种。

灰泥质栗黄土典型剖面描述见表 3-5。

剖面位置：雁门关乡王庄村中心 N81°W，距离 1 400 米，海拔 1 850 米。

0~18 厘米：棕褐色轻壤质土，结构团块，土层疏松、稍润，有少量砾石，植物根多。

18~50 厘米：棕褐色中壤质土，结构团块，土层较紧实、稍润，有少量砾石，植物根中量。

50~91 厘米为半风化层。

91 厘米以下为母岩。

表 3-5　灰泥质栗黄土典型剖面理化性状分析结果（1982 年普查数据）

土层厚度（厘米）	有机质（%）	全氮（%）	全磷（%）	pH	CaCO₃（%）	代换量（me/百克土）	机械组成（%）		
							>0.01（毫米）	<0.01（毫米）	<0.001（毫米）
0~18	4.736	0.222	0.071	8.20	4.1	35.2	74.26	25.24	8.08
18~50	3.272	0.196	0.072	8.25	8.7	17.6	66.50	33.50	13.37

3. 黄土质栗褐土　该土属主要分布于胡峪乡、雁门关乡、磨坊乡的山麓、沟旁以及山坡较缓处，海拔为 1 300~1 800 米。

该土为黄土母质，土体深厚，质地均一，自然植被主要有狗尾草、青蒿、蒿类、苦菜等。土层中下部有少量的 CaCO₃ 淀积，通体石灰反应强烈，呈微碱性反应。根据其土层厚度、表层质地分为耕栗黄土 1 个土种。

耕栗黄土典型剖面描述见表 3-6。

剖面位置：雁门关乡王庄村 N33°E，距离 350 米，海拔 1 440 米的东小梁。

0~17厘米：灰黄色沙壤质土，结构屑粒，土层疏松、稍润，植物根中量。

17~50厘米：棕黄色沙壤质土，结构块状，土层较紧实、润，植物根少。

50~90厘米：棕黄色沙壤质土，结构块状，土层紧实、润，有中量的粉状碳酸钙。

90~120厘米：棕黄色沙壤质土，结构块状，土层坚实、润，有少量的粉状碳酸钙。

120~150厘米：棕黄色轻壤质土，结构块状，土层坚实、润，有少量粉状碳酸钙。

全剖面石灰反应强烈。

表3-6 耕栗黄土典型剖面理化性状分析结果（1982年普查数据）

土层厚度（厘米）	有机质（%）	全氮（%）	全磷（%）	pH	CaCO₃（%）	代换量（me/百克土）	机械组成（%）		
							>0.01（毫米）	<0.01（毫米）	<0.001（毫米）
0~17	0.576	0.031	0.048	—	—	—	84.17	—	—
17~50	0.284	0.032	0.057	8.25	9.8	3.5	84.17	15.83	6.30
50~90	0.263	0.180	0.052	8.20	10.5	4.7	84.17	15.83	6.30
90~120	0.344	0.023	0.055	8.10	9.4	4.5	80.12	19.88	8.33
120~150	0.269	0.020	0.062	8.20	9.7	4.0	79.07	20.93	9.16

该土种质地适中，耕性良好，但土体轻度侵蚀，因而土壤保水保肥能力较低，加之母质养分含量低，土壤贫瘠，缺乏磷素和有机质，土体侵蚀。主要种植作物有莜麦、豌豆等。

4. 黄土状栗褐土 该土属主要分布于雁门关乡、胡峪乡，海拔为1 300~1 700米。

该土母质为洪积—冲积物，是在雨季由洪水淤积而成的一种新土壤。自然植被主要有狗尾草，灰菜，甜、苦菜等。通体石灰反应强烈，呈微碱性反应。根据其土层厚度分为卧栗黄土1个土种。

卧栗黄土典型剖面描述见表3-7。

剖面位置：雁门关乡白草口中心正南，距离350米，海拔为1 310米的大湾地。

0~14厘米：黄棕色沙壤质土，结构屑粒，土层疏松、润，植物根多，有少量砾石。

14~35厘米：黄棕色沙壤质土，结构块状，土层坚实、润，植物根中量。

35厘米以下为砂卵石。

全剖面石灰反应强烈。

表3-7 卧栗黄土典型剖面理化性状分析结果（1982年普查数据）

土层厚度（厘米）	有机质（%）	全氮（%）	全磷（%）	pH	CaCO₃（%）	代换量（me/百克土）	机械组成（%）		
							>0.01（毫米）	<0.01（毫米）	<0.001（毫米）
0~14	1.153	0.057	0.071	8.0	6.2	1.69	—	—	—
14~35	0.634	0.036	0.072	8.1	5.6	5.33	83.12	16.88	6.88

（二）褐土

褐土土类广泛分布于二级阶地、高阶地、丘陵沟壑、洪积扇及低中山区，海拔为

850～2 200 米。

　　该土处在温暖半干旱的季风气候区，夏季高热多雨，秋季湿凉，冬季干旱，干湿交替；山地区草灌丛生，覆盖度较好，平川丘陵区主要种植大秋作物以及小杂粮等。

　　褐土形成的基本特点是具有明显的黏化过程和钙化过程。

　　由于该土主要发育于富含碳酸钙的母质上，淋溶作用较弱，因此碳酸钙的淋溶和淀积在褐土中占有一定位置。土体中的黏粒和碳酸钙向下移动，形成不同程度的黏化层和钙积层。但由于全县所处褐土是向栗褐土过渡地区，没有典型的褐土，因此黏化层不明显。而碳酸钙含量较高，高者达 10％以上。由于淋溶作用，土体中留下了移动的痕迹，表现为假菌丝状，由于钙化作用，土体中有时可见到石灰结核。

　　褐土发育的母质主要为黄土状物质，以及部分变质岩系的残积物。因此，一般土体深厚，质地均一，颜色多为灰棕—褐色，层次过渡不明显；土体通透性强，土壤微生物活动旺盛，有机质矿质化作用较强，致使土壤有机质含量一般不高。该土类结构较差，除表层常为屑粒状外，其他一般为块状—棱柱状。根据其发育程度，褐土分为淋溶褐土、褐土性土和石灰性褐土 3 个亚类。

　　1. 淋溶褐土　该亚类主要分布于海拔 1 300～2 200 米的山地区，常与中性粗骨土、山地草甸土及棕壤呈复域分布，同一山体往往分布在阴坡。

　　淋溶褐土是发育在千枚岩、花岗片麻岩、绢云母片岩等岩石分化的残积—坡积物上的母质，自然植被阴坡主要有山杨、野刺玫、悬钩子、美丽胡枝子、皂山白、醋柳、榛子、藜芦、牡蒿、苍术、野草莓、山丹、蓬子菜、苦坡草等；阳坡主要有黄刺玫、三桠绣线菊、蚂蚱腿、驴干粮、菅草、羊草、针茅、本氏针茅、阿尔泰紫苑、铁秆蒿等。覆盖度为 60％～85％。该土由于所处海拔较高，土体中经常保持湿润，表土层的盐基离子得到充分的淋洗，呈不饱和状态。土体中腐殖质层明显，黏化层一般不明显。因土层薄而钙积层消失，表土层无石灰反应，个别底土层因母岩影响而表现有石灰反应，pH 呈中至微碱性反应。根据岩石类型以及熟化程度分为麻沙质淋溶褐土、灰泥质淋溶褐土和黄土质淋溶褐土 3 个土属。

　　（1）麻沙质淋溶褐土：本土属主要分布于聂营镇、滩上镇和新高乡的山地，海拔为 1 300～2 200 米。

　　该土为残积—坡积母质。基本特征是：表层有 1～2 厘米半分解的枯枝落叶层，其下为 10 厘米左右的腐殖质层；质地多为沙壤—轻壤；结构表层屑粒状，心土以下为碎块状至块状，颜色表层较深，多呈棕褐色，下层较浅，呈灰黄或黄褐；全剖面无石灰反应，呈中性至微碱性反应。部分是由花岗片麻岩质淋溶褐土经人为开垦耕种而成的土壤，自然覆盖度较好。植被主要有醋柳、蒿属、田间杂草。根据土层厚度分为麻沙质淋土和耕麻沙质淋土 2 个土种。

　　①麻沙质淋土。该土种主要分布于聂营镇、新高乡、滩上镇等乡（镇）。

　　剖面位置：新高乡洪寺村赵呆观中心 S10°E，距离 500 米，海拔为 1 700 米。

　　0～4 厘米：为枯枝落叶层。

　　4～19 厘米：灰褐色沙壤质土，结构屑粒，土层松、多孔、润，植物根多。

　　19～37 厘米：灰黄色轻壤质土，结构碎块状，土层松、多孔、润，植物根多。

37 厘米以下为母岩。

全剖面无石灰反应。

麻沙质淋土的典型剖面描述见表 3-8。

表 3-8　麻沙质淋土典型剖面理化性状分析结果（1982 年普查数据）

土层厚度（厘米）	有机质（%）	全氮（%）	全磷（%）	pH	CaCO₃（%）	代换量（me/百克土）	机械组成（%）		
							>0.01（毫米）	<0.01（毫米）	<0.001（毫米）
4～19	6.577	0.232	0.063	7.8	0.2	6	85.48	14.52	9.16
19～37	1.174	0.048	0.043	8.2	0.6		72.98	27.02	13.62

该土种所处地区气候凉，坡度大；特别是阳坡土层薄，植被稀疏，水土流失较重。

②耕麻沙质淋土

剖面位置：新高乡西岭村中心 S42°W，距离 275 米，海拔为 1 800 米的岭梁。

0～15 厘米：黑褐色轻壤质土，结构屑粒，土层疏松、稍润，植物根中量。

15～45 厘米：黑褐色中壤质土，结构碎块状，土层疏松、稍润，植物根少。

45 厘米以下为母岩。

全剖面无石灰反应，呈中性至微碱性反应。

耕麻沙质淋土的典型剖面描述见表 3-9。

表 3-9　耕麻沙质淋土典型剖面理化性状分析结果（1982 年普查数据）

土层厚度（厘米）	有机质（%）	全氮（%）	全磷（%）	pH	CaCO₃（%）	代换量（me/百克土）	机械组成（%）		
							>0.01（毫米）	<0.01（毫米）	<0.001（毫米）
0～15	3.26	0.195	0.068	7.67	0.0	15.9	73.16	26.84	11.24
15～45	1.743	0.075	0.052	7.47		12.5	66.74	33.26	9.77

该土所处地势坡度较大，气候冷凉，耕作困难，作物生长受抑。

（2）灰泥质淋溶褐土：本土属分布于聂营镇康下庄的书家堰和滩上镇崔家庄的臭里沟一带，海拔为 1 650～1 980 米。

该土一部分发育于泥页岩质风化的坡积母质上，土层浅薄，自然覆盖度阴坡为 90%，阳坡为 60%～70%。土体中夹杂有少量砾石，通体无石灰反应。一部分土层较厚，母质为绢云母片岩质残积物，是经人为开垦而成的耕种土壤。自然植被有白草、本氏羽茅、牛毛草、醋柳、针茅及田间杂草。根据土层厚度分为耕灰泥质淋土 1 个土种。

耕灰泥质淋土。

剖面位置：滩上镇崔家庄村东北角 S40°E，距离 620 米，海拔 1 780 米的臭里沟。

0～17 厘米：黄棕色轻壤质土，结构屑粒，土层疏松、多孔、润，植物根中量。

17～40 厘米：黄棕色轻壤质土，结构核状，土层紧实、少孔、润，植物根少。

40～68 厘米：灰黄色轻壤质土，结构片状，土层紧实、少孔、润，植物根少。

68～90 厘米为半风化物。

90 厘米以下为母岩。

全剖面无石灰反应，呈微碱性反应，通体含有多量石块。

耕灰泥质淋土的典型剖面描述见表 3-10。

表 3-10 耕灰泥质淋土典型剖面理化性状分析结果（1982 年普查数据）

土层厚度（厘米）	有机质（%）	全氮（%）	全磷（%）	pH	CaCO₃（%）	代换量（me/百克土）	机械组成（%）		
							>0.01（毫米）	<0.01（毫米）	<0.001（毫米）
0～17	1.385	0.093	0.044	7.62	0.3	8.3	70.04	29.96	13.04
17～40	0.924	0.084	0.058	7.67	0.3	8.2	72.98	27.02	11.19
40～68	0.345	0.029	0.043	7.62		4.3	75.01	24.99	7.03

该土由于所处地势较高，坡度较陡，质地粗糙，土体中又含有多量石块，因而不易耕种；由于侵蚀较重，使得土壤保水保肥性差，不耐旱，不耐涝。但土壤肥力比较高，主要种植作物有马铃薯、莜麦、大豆、豌豆等，但作物长势比较差。

（3）黄土质淋溶褐土：该土属一部分分布在聂营镇、新高乡、滩上镇等乡（镇），海拔为 1 500～2 050 米，是经人为开垦熟化而成的一种耕种土壤，母质为黄土质。另一部分分布在阳明堡镇和雁门关乡的高二沟山、马场梁以南一带，海拔为 1 600～2 100 米。地处阳坡，自然植被主要有醋柳、三桠绣线菊、蒿类、百里香等，覆盖度较差，母质为石灰岩残积—坡积物。根据土层厚度分为黄淋土和耕黄淋土 2 个土种。

①黄淋土。

剖面位置：阳明堡镇九龙村中心 N40°W，距离 3 700 米，海拔为 1 800 米的张秀盘。

0～17 厘米：灰褐色轻壤质土，结构块状，土层紧实、稍润，植物根多。

17～39 厘米：灰褐色中壤质土，结构小块状，土层紧实、润，植物根中量。

39～56 厘米：棕褐色中壤质土，结构块状，土层紧实、润，植物根中量。

56 厘米以下为基岩。

剖面中基岩层有剧烈的石灰反应，其上 3 层均无石灰反应，呈中性至微碱性反应。

黄淋土的典型剖面描述见表 3-11。

表 3-11 黄淋土典型剖面理化性状分析结果（1982 年普查数据）

土层厚度（厘米）	有机质（%）	全氮（%）	全磷（%）	pH	CaCO₃（%）	代换量（me/百克土）	机械组成（%）		
							>0.01（毫米）	<0.01（毫米）	<0.001（毫米）
0～17	3.593	0.166	0.052	7.47	0.0	18.1	76.54	23.46	9.77
17～39	2.670	0.119	0.043	7.47	0.0	16.7	63.43	36.57	14.80
39～56	0.693	0.097	0.029	7.6	0.0	17.2	58.58	41.42	21.43

该土种土层较薄，自然植被稀疏，水土流失严重。

②耕黄淋土。

剖面位置：新高乡高太庄村，位于上庄村中心 S20°E，距离 375 米，海拔为 1 700 米的背坡地。

0～20厘米：黄褐色轻壤质土，结构屑粒，土层疏松、多孔、润，植物根中量。

20～41厘米：灰褐色轻壤质土，结构片状，土层紧实、少孔、润，植物根少。

41～57厘米：灰褐色轻壤质土，结构块状，土层紧实、中孔、润。

57厘米以下为基岩。

全剖面无石灰反应，呈中至微碱性反应。

耕黄淋土的典型剖面描述见表3－12。

表3－12　耕黄淋土典型剖面理化性状分析结果（1982年普查数据）

土层厚度（厘米）	有机质（%）	全氮（%）	全磷（%）	pH	CaCO₃（%）	代换量（me/百克土）	机械组成（%）		
							>0.01（毫米）	<0.01（毫米）	<0.001（毫米）
0～20	1.736	0.110	0.062	7.37	—	9.9	70.14	29.86	13.62
20～41	1.035	0.062	0.044	7.47	0.2	8.6	75.07	24.99	9.16
41～57	1.155	0.071	0.054	7.67	0.5	10.5	72.98	27.02	9.16

2. 褐土性土　褐土性土亚类分布于平川乡（镇）海拔为850～1 430米的滹沱河南北边坡丘陵区，其中包括部分洪积扇，以及山区乡（镇）海拔为1 000～1 800米的低山地带。

该亚类主要属丘陵区气候，它是在温暖、干旱、半干旱的气候条件下形成的。大多受不同程度的侵蚀及其洪积、冲积作用，地面沟壑纵横，地势高低悬殊较大，植被稀疏，坡降较大，雨水积蓄少，水土流失严重。成土母质主要为黄土、黄土状物质、洪积堆积物。自然植被主要有白草、狗尾草、枸杞、酸刺、黄花铁线莲、针茅、麻黄、田旋花、藜藜、披碱草、茵陈蒿等。该亚类在上述的成土因素及较强烈的侵蚀作用下，土壤淋溶作用微弱，褐土过程难以稳定进行，土体发育层次不明显，母质特征明显，为发育幼年的土壤。根据其母质类型分为灰泥质褐土性土、沟淤褐土性土、黄土质褐土性土、黑垆土质褐土性土、洪积褐土性土5个土属。

（1）灰泥质褐土性土：该土属分布于阳明堡镇、雁门关乡的虎朱山、九层崖一带，海拔为1 300～1 900米。母质为石灰岩残积—坡积物，自然植被主要有酸刺、铁秆蒿、本氏羽茅、苔坡草等。植被稀疏，覆盖度较小，土层较厚，通体石灰反应强烈。根据土层厚度分为灰泥质立黄土1个土种。

灰泥质立黄土。

剖面位置：雁门关乡瓦窑头村中心N45°W，距离2 000米，海拔1 520米的黄花坪。

0～1厘米：为枯枝落叶层。

1～17厘米：灰褐色轻壤质土，结构屑粒，土层疏松、稍润，植物根多。

17～70厘米：淡棕色中壤质土，结构块状，土层紧实、稍润，植物根中量。

70厘米以下为母岩。

全剖面呈微碱性反应，母岩层石灰反应强烈，母岩层以上各层有中量石灰反应。

灰泥质立黄土的典型剖面描述见表3－13。

表 3-13　灰泥质立黄土典型剖面理化性状分析结果（1982 年普查数据）

土层厚度（厘米）	有机质（%）	全氮（%）	全磷（%）	pH	CaCO₃（%）	代换量（me/百克土）	机械组成（%）		
							>0.01（毫米）	<0.01（毫米）	<0.001（毫米）
0~17	2.685	0.177	0.052	8.10	8.1	15.8	74.68	25.32	8.20
17~47	2.634	0.177	0.039	8.15	11.3	16.7	59.03	40.97	15.86
47~70	1.682	0.098	0.031	8.10	2.3	16.2	59.40	40.60	15.72

（2）沟淤褐土性土：该土属主要分布于峪口乡、新高乡、滩上镇、峨口镇、雁门关乡、胡峪乡的沟谷地区和河谷平地，海拔为 1 000~1 600 米。成土母质为洪积—冲积物和淤垫黄土。它是在雨季由洪水逐渐淤积而成或由自然淤积和人工堆垫共同作用下形成的土壤。自然植被主要有狗尾草、白蒿、白羽、车前子、灰菜、苦菜、菅草、黄花铁线莲、茵陈蒿等。根据土层厚度，分为夹砾沟淤土和底砾沟淤土 2 个土种。

①夹砾沟淤土。

剖面位置：峪口乡王家会村中心 S76°W，距离 825 米，海拔 1 015 米的西湾。

0~12 厘米：暗黄褐色轻壤质土，结构屑粒，土层疏松、润，植物根多，石灰反应中量。

12~24 厘米：深黄褐色轻壤质土，结构块状，土层较紧、润，植物根中量，石灰反应强烈。

24~58 厘米：褐色轻壤质土，结构块状，土层较紧、润，植物根中量，石灰反应强烈。

58 厘米以下为砂卵石。

通体含有少量石块，呈微碱性反应。

夹砾沟淤土的典型剖面描述见表 3-14。

表 3-14　夹砾沟淤土典型剖面理化性状分析结果（1982 年普查数据）

土层厚度（厘米）	有机质（%）	全氮（%）	全磷（%）	pH	CaCO₃（%）	代换量（me/百克土）	机械组成（%）		
							>0.01（毫米）	<0.01（毫米）	<0.001（毫米）
0~12	2.010	0.011	0.081	8.05	4.0	6.7	76.64	23.36	8.14
12~24	1.409	0.084	0.081	8.10	5.5	5.5	74.40	25.60	10.37
24~58	1.177	0.094	0.089	8.00	3.7	4.7	77.85	22.15	8.55

该土种质地适中，耕性良好，土地较平整，土层较厚，保水保肥性能好，是山地区的重点粮田。主要种植作物有玉米、高粱、马铃薯等。

②底砾沟淤土。

剖面位置：胡峪乡郜车坪村西北角 S75°W，距离 400 米，海拔 1 125 米的河家湾。

0~17 厘米：淡棕色轻壤质土，结构核状，土层疏松、中孔、稍润，植物根中量。

17~65 厘米：淡棕色中壤质土，结构块状，土层紧实、少孔、润，植物根少。

65～106 厘米：淡棕色轻壤质土，结构块状，土层紧实、少孔、润，植物根少。

106～113 厘米为沙层。

113～130 厘米：淡棕色沙壤质土，结构块状、土层紧实、中孔、润。

130 厘米以下为卵石。

全剖面除沙层外有强烈的石灰反应，呈微碱性反应。

底砾沟淤土的典型剖面描述见表 3-15。

表 3-15　底砾沟淤土典型剖面理化性状分析结果（1982 年普查数据）

土层厚度（厘米）	有机质（%）	全氮（%）	全磷（%）	pH	CaCO₃（%）	代换量（me/百克土）	机械组成（%）		
							＞0.01（毫米）	＜0.01（毫米）	＜0.001（毫米）
0～17	0.670	0.047	0.059	8.45	8.8	7.3	71.56	28.44	9.83
17～65	0.580	0.039	0.059	8.30	8.9	8.2	65.11	34.89	8.38
65～106	0.284	0.025	0.071	8.40	7.4	6.4	77.45	22.44	4.28
106～113	沙　　层								
113～130	0.162	0.015	0.082	8.40	4.4	1.2	89.65	10.35	3.26

该土土地平整，土体深厚，耕性良好，保水保肥能力也较强，土壤肥力比较高。虽土体下部位沙层，但因土体厚，对土壤肥力状况及作物生长影响较小。种植作物主要有玉米、高粱、葵花等，是该乡较好的土地。

（3）黄土质褐土性土：黄土质褐土性土分布于滩上镇、聂营镇、新高乡、胡峪乡、枣林镇、阳明堡镇、上馆镇、磨坊乡、峨口镇、峪口乡和雁门关乡等乡（镇），海拔为900～1 800 米。

该土种为黄土母质，土体深厚，质地均匀。自然植被主要有枸杞、狗尾草、披碱草、黄花铁线莲、茵陈蒿、白草、苦菜、灰菜、酸刺、蒿属、三桠绣线菊等。根据土层厚度和土壤表层质地分为耕立黄土和耕二合立黄土 2 个土种。

①耕立黄土。该土种分布于滩上镇、聂营镇、新高乡、胡峪乡、峪口乡、枣林镇等乡（镇），海拔为 1 100～1 800 米的山麓、山沟两旁以及低山地带。

剖面位置：新高乡小观村中心正西，距离 150 米，海拔 1 130 米的长岭。

0～16 厘米：灰黄色轻壤质土，结构碎屑，土层疏松、干，植物根多。

16～34 厘米：浅黄色沙壤质土，结构块状、土层紧实、干，植物根中量。

34～80 厘米：浅黄色沙壤质土，结构块状、土层紧实、稍润，植物根少。

80～119 厘米：浅黄色沙壤质土，结构块状、土层紧实、稍润，有少量的粉状碳酸钙。

119～150 厘米：浅黄色轻壤质土，结构碎块，土层紧实、稍润，有少量的粉状碳酸钙。

全剖面石灰反应强烈，呈微碱性反应。

耕立黄土的典型剖面描述见表 3-16。

表 3-16 耕立黄土典型剖面理化性状分析结果（1982 年普查数据）

土层厚度（厘米）	有机质（%）	全氮（%）	全磷（%）	pH	CaCO₃（%）	代换量（me/百克土）	机械组成（%）		
							>0.01（毫米）	<0.01（毫米）	<0.001（毫米）
0~16	0.711	0.069	0.064	8.30	4.5	8.3	78.33	21.67	8.14
16~34	0.253	0.038	0.052	8.30	1.5	10.0	81.95	18.05	5.49
34~80	0.253	0.011	0.052	8.20	1.3	9.5	83.97	16.03	4.48
80~119	0.324	0.022	0.059	8.20	3.2	10.0	81.95	18.05	6.51
119~150	0.274	0.023	0.056	8.15	3.3	9.9	77.85	22.15	8.55

该土质地粗，耕性好，保水保肥能力较差。因而肥力低，土体干燥。主要种植玉米、高粱、谷子、黍子。

②耕二合立黄土。

剖面位置：胡峪乡枣园村东北角 N75°E，距离 1 100 米，海拔 1 250 米的东梁。

0~16 厘米：灰黄色轻壤质土，结构屑粒，土层疏松、多孔、润，植物根多。

16~32 厘米：棕黄色轻壤质土，结构块状，土层紧实、中孔、润，有中量的植物根和假菌丝状的碳酸钙。

32~70 厘米：浅黄色轻壤质土，结构块状，土层紧实、中孔、润，有中量的植物和假菌丝状的碳酸钙。

70~110 厘米：浅黄色轻壤质土，结构块状，土层紧实、中孔、润，有中量的假菌丝状碳酸钙，植物根少。

110~150 厘米：浅黄色轻壤质土，结构块状，土层紧实、少孔、润，植物根少。

全剖面石灰反应强烈，呈微碱性反应。

耕二合立黄土的典型剖面描述见表 3-17。

表 3-17 耕二合立黄土典型剖面理化性状分析结果（1982 年普查数据）

土层厚度（厘米）	有机质（%）	全氮（%）	全磷（%）	pH	CaCO₃（%）	代换量（me/百克土）	机械组成（%）		
							>0.01（毫米）	<0.01（毫米）	<0.001（毫米）
0~16	0.416	0.034	0.057	8.30	9.1	4.2	74.95	25.05	9.83
16~32	0.325	0.072	0.102	8.25	9.7	4.2	75.42	24.58	8.34
32~70	0.325	0.016	0.055	8.20	9.7	2.9	73.39	26.61	10.37
70~110	0.365	0.052	0.020	8.15	5.4	5.4	73.39	26.61	11.39
110~150	0.345	0.061	0.012	8.10	9.5	3.5	73.39	26.61	10.37

（4）黑垆土质褐土性土：该土属主要分布在峪口乡、新高乡的高阶地地区，海拔为860~930 米。所处地形较平缓，土体干旱，母质为黄土状物质。自然植被主要有狗尾草、芨芨草、刺儿菜等草本植物，土体中下部埋藏有棕褐色的黑垆土，根据其表层质地分为耕黑立黄土 1 个土种。

耕黑立黄土。

剖面位置：新高乡上桥庄村中心 S15°E，距离 800 米，海拔 893 米的李真营。

0～20 厘米：灰黄色轻壤质土，结构碎屑，土层疏松、稍润，植物根多。

20～48 厘米：棕黄色轻壤质土，结构块状，土层紧实、稍润，植物根中量。

48～100 厘米：棕褐色轻壤质土，结构碎块，土层紧实、稍润，有多量的粉丝状的碳酸钙，植物根少。

100～150 厘米：棕褐色中壤质土，结构碎块，土层紧实、稍润，有多量的粉丝状碳酸钙。

全剖面石灰反应强烈，呈微碱性反应，通体有少量砾石。

耕黑立黄土的典型剖面描述见表 3-18。

表 3-18　耕黑立黄土典型剖面理化性状分析结果（1982 年普查数据）

土层厚度（厘米）	有机质（%）	全氮（%）	全磷（%）	pH	CaCO₃（%）	代换量（me/百克土）	机械组成（%）		
							>0.01（毫米）	<0.01（毫米）	<0.001（毫米）
0～20	0.780	0.058	0.045	8.20	4.4	3.5	81.75	18.25	4.75
20～48	0.609	0.047	0.054		2.9	5.8	75.42	24.58	10.37
48～100	1.000	0.067	0.050	8.22	7.6	8.0	71.36	28.64	12.40
100～150	0.696	0.040	0.045	8.10	4.3	7.3	69.19	30.81	14.50

从表 3-18 可知：该土种 48 厘米以下为黑垆土，其颜色较深，质地较黏，为早年山洪暴发，将山中大量的有机物搬运于此地沉积覆盖而形成的土壤。因而虽土体干旱，但保水保肥性能较好，抗旱抗涝能力较强，土壤肥力比较高。主要种植玉米、高粱、谷子、黍子。

（5）洪积褐土性土：该土属主要分布于阳明堡镇、上馆镇、磨坊乡、新高乡、峪口乡、峨口镇、雁门关乡、胡峪乡等乡（镇）的洪积扇上。

该土为洪积母质，成土过程中主要受山洪暴发的影响，水力将土石搬运堆积在山前峪口处洪积而成。由于水选作用，洪积扇上部质地较粗，沙砾含量较多，向下质地较细，沙砾含量较少。自然植被主要有狗尾草、白茅、刺儿菜、猪毛菜等草本植物。根据其剖面特征、障碍层次出现的部位、表层质地及砾石含量分为底砾洪立黄土、二合夹砾洪立黄土、耕洪立黄土 3 个土种。

①底砾洪立黄土。本土种分布于峪口乡、新高乡、峨口镇、聂营镇的洪积扇上。

剖面位置：峪口乡双徐村中心 N5°E，距离 770 米，海拔 860 米的沙坡地。

0～19 厘米：暗黄褐色轻壤质土，结构屑粒，土层疏松、润，植物根多，石灰反应强烈。

19～56 厘米：暗黄褐色轻壤质土，结构小块状，土层紧实、润，植物根中量，石灰反应强烈。

56～84 厘米：深黄褐色轻壤质土，结构块状，土层紧实、润，植物根少，石灰反应中量。

84～117 厘米：暗黄褐色沙壤质土，结构小块状，土层较紧、润，有弱石灰反应。

117 厘米以下为河卵石。

全剖面呈微碱性反应。

底砾洪立黄土的典型剖面描述见表 3 - 19。

表 3 - 19 底砾洪立黄土典型剖面理化性状分析结果（1982 年普查数据）

土层厚度（厘米）	有机质（%）	全氮（%）	全磷（%）	pH	CaCO₃（%）	代换量（me/百克土）	机械组成（%）		
							>0.01（毫米）	<0.01（毫米）	<0.001（毫米）
0~19	0.944	0.059	0.062	8.30	4.4	6.29	77.92	22.08	8.08
19~56	0.599	0.041	0.074	8.20	4.8	6.14	75.92	24.08	10.08
56~84	0.436	0.032	0.057	8.30	2.0	3.32	79.92	20.08	8.08
84~117	0.393	0.024	0.058	8.25	—	—	83.92	16.08	8.08

该土种位于洪积扇下部，质地多为轻壤，耕性好，土地平整，土体厚，保水保肥能力较强，土壤肥力较高。种植玉米、高粱、谷子、蔬菜。

②二合夹砾洪立黄土。该土种分布于阳明堡镇、雁门关乡、新高乡、峪口乡的洪积扇上。

剖面位置：阳明堡镇方村中心 S30°E，距离 250 米，海拔 978 米的八亩地。

0~15 厘米：灰黄色轻壤质土，结构屑粒，土层疏松、稍润，植物根多，有多量石块。

15~43 厘米：黄褐色轻壤质土，结构块状，土层紧实、润，植物根少，有少量石块。

43 厘米以下为卵石。

全剖面石灰反应强烈，呈微碱性反应。

二合夹砾洪立黄土的典型剖面描述见表 3 - 20。

表 3 - 20 二合夹砾洪立黄土典型剖面理化性状分析结果（1982 年普查数据）

土层厚度（厘米）	有机质（%）	全氮（%）	全磷（%）	pH	CaCO₃（%）	代换量（me/百克土）	机械组成（%）		
							>0.01（毫米）	<0.01（毫米）	<0.001（毫米）
0~15	0.903	0.056	0.043	8.05	7.2	7.27	63.26	36.88	18.88
15~43	0.690	0.050	0.036	8.15	8.0	0.56	73.12	26.88	14.88

该土种土层薄且含有较多的石块，耕性较差，保水保肥能力较低，易漏水漏肥，不耐旱，不耐涝，肥力水平低。种植玉米、高粱、谷子、黍子。

③耕洪立黄土。该土种分布于上馆镇、磨坊乡、胡峪乡的洪积扇下部。

剖面位置：上馆镇桂家窑村中心 N80°W，距离 1 500 米，海拔 920 米的七角地。

0~24 厘米：黄棕色轻壤质土，结构屑粒，土层疏松、多孔、稍润，植物根多。

24~65 厘米：黄褐色轻壤质土，结构块状、土层紧实、中孔、润，有多量假菌丝碳酸钙，植物根中量。

65~106 厘米：黄褐色轻壤质土，结构块状，土层紧实、少孔、润，有中量假菌丝碳酸钙，植物根少。

106～150 厘米：淡褐色轻壤质土，结构块状，土层紧实、少孔、润，有少量假菌丝碳酸钙，植物根少。

全剖面石灰反应强烈，呈微碱性反应，通体含有少量砾石。

耕洪立黄土的典型剖面描述见表 3 - 21。

表 3 - 21　耕洪立黄土典型剖面理化性状分析结果（1982 年普查数据）

土层厚度（厘米）	有机质（%）	全氮（%）	全磷（%）	pH	CaCO₃（%）	代换量（me/百克土）	机械组成（%）		
							>0.01（毫米）	<0.01（毫米）	<0.001（毫米）
0～24	0.167	0.044	0.057	8.10	6.3	3.8	76.64	23.36	6.45
24～65	0.487	0.037	0.026	8.30	4.1	6.0	75.42	24.58	5.30
65～106	0.731	0.029	0.047	8.7	7.2	7.2	77.45	22.55	6.31
106～150	0.325	0.028	0.050	8.15	8.7	4.6	77.45	22.55	7.33

该土质地适中，耕性好。但由于有轻度片蚀，保水保肥能力较差。种植玉米、谷子、黍子。

3. 石灰性褐土　石灰性褐土分布于滹沱河南北广大的二级阶地及部分高阶地上，位于褐土性土下限，潮土上限。海拔为 840～970 米。

该土所处地势平坦，气候温暖、半干旱，属平川气候。其灌溉条件好，肥力较高，是代县主要的农业土壤及产粮区。自然植被主要有青蒿、天蓝苜蓿、马齿苋、苍耳、刺儿菜、灰绿藜、荠菜、苋菜、披碱草、甘草、枸杞、玻璃草、狗舌头、箭叶旋花，以及村庄、路旁的杨、柳、榆、枣树等。成土母质为洪积—冲积物及黄土状物质。其成土过程因土体干旱，淋溶作用微弱，因而，心土层附近出现一层浅褐色、中壤质的黏化层（在代县表现不明显）。全剖面以轻壤为主，土层向下逐渐紧实，并产生了白色菌丝体，有时见到褐色的石灰结核，呈微碱性反应。土体构型大致为耕作层—犁底层—弱黏化层—弱钙积层—母质层，根据母质、埋藏古土壤类型和成土因素分为下列 2 个土属。

（1）黄土状石灰性褐土：该土属主要分布在平川的阳明堡镇、上馆镇、磨坊乡、枣林镇、新高乡、峪口乡、峨口镇、胡峪乡及聂营镇。海拔为 840～970 米。

该土发育在经水土搬运的次生黄土母质土，其土体深厚，层理清晰。自然植被主要有狗尾草、刺儿菜、灰绿藜、青蒿、甘草、猪毛菜、苍耳、箭叶旋花等。剖面的心土、底土层有各种形状的碳酸钙沉淀物质。由于冲积作用，也有靠近河流处质地较粗，远离河流处质地较细的分布规律。根据其表层质地分为下列 2 个土种。

①深黏黄垆土。该土种主要分布于平川的阳明堡镇、上馆镇、磨坊乡、枣林镇、新高乡、峪口乡、峨口镇及丘陵区的胡峪乡等。

剖面位置：阳明堡镇牛站村中心正南，距离 400 米，海拔 856 米。

0～24 厘米：灰黄色轻壤质土，结构屑粒，土层疏松、稍润，植物根多，有少量砖石块。

24～42 厘米：灰黄色轻壤质土，结构块状，土层紧实、润，植物根中量，有少量砖石块。

42～65厘米：褐黄色中壤质土，结构块状，土层坚实、润，有少量的粉丝状碳酸钙及植物根。

65～114厘米：浅黄色轻壤质土，结构块状、土层紧实、润，有少量的粉丝状碳酸钙及植物根。

114～150厘米：棕黄色轻壤质土，结构块状，土层紧实、润，有中量的粉丝状碳酸钙，植物根少。

全剖面石灰反应强烈，呈微碱性反应。

深黏黄垆土的典型剖面描述见表3-22。

表3-22　深黏黄垆土典型剖面理化性状分析结果（1982年普查数据）

土层厚度（厘米）	有机质（%）	全氮（%）	全磷（%）	pH	CaCO₃（%）	代换量（me/百克土）	机械组成（%）		
							>0.01（毫米）	<0.01（毫米）	<0.001（毫米）
0～24	0.964	0.057	0.065	8.4	10.6	5.43	—	—	—
24～42	0.842	0.061	0.063	8.2	11.2	6.51	73.12	26.88	14.88
42～65	0.630	0.026	0.062	8.4	11.6	6.04	71.12	28.88	16.88
65～114	0.385	0.026	0.057	8.5	11.2	4.40	78.12	24.88	14.88
114～150	0.152	0.021	0.047	8.4	12.8	4.51	79.12	20.88	8.88

该土质地适中，土地平整，耕性好，保水保肥较强。种植玉米、高粱、谷子。

②底黑黄垆土。该土种分布于枣林镇、磨坊乡、峪口乡、聂营镇的二级阶地上。自然植被主要有狗尾草、蒿类、猪毛菜、粘蓬、苍耳、甘草、箭叶旋花等。通体有不同程度的石灰反应。

底黑黄垆土的典型剖面描述见表3-23。

表3-23　底黑黄垆土典型剖面理化性状分析结果（1982年普查数据）

土层厚度（厘米）	有机质（%）	全氮（%）	全磷（%）	pH	CaCO₃（%）	代换量（me/百克土）	机械组成（%）		
							>0.01（毫米）	<0.01（毫米）	<0.001（毫米）
0～20	0.415	0.038	0.064	8.50	5.3	5.3	81.58	18.14	8.46
20～47	0.462	0.038	0.059	8.45	7.2	7.2	77.04	22.96	7.73
47～73	0.233	0.027	0.057	8.50	5.1	5.1	87.11	12.89	3.67
73～112	0.344	0.025	0.064	8.40	4.3	7.9	81.13	18.87	5.69
112～150	0.836	0.062	0.067	8.35	14.8		82.66	39.34	15.93

剖面位置：枣林镇段村中心N20°W，距离1 000米，海拔905米的三十亩地。

0～20厘米：浅褐色轻壤质土，结构块状，土层疏松、多孔、润，植物根多。

20～47厘米：褐黄色轻壤质土，结构块状，土层紧实、多孔、润，植物根多。

47～73厘米：褐黄色沙壤质土，结构块状，土层紧实、多孔、润，植物根中量。

73～112厘米：褐黄色沙壤质土，结构块状，土层紧实、多孔、润，有中量粉状碳酸钙，植物根少。

112～150 厘米：黑褐色中壤质土，结构块状，土层紧实、多孔、润，有少量的粉状碳酸钙，植物根少。

全剖面石灰反应强烈，呈微碱性反应。

该土耕性好，保水保肥性能较强，有轻度侵蚀，具"蒙金土"构型。种植玉米、高粱、谷子、黍子。

（2）洪积石灰性褐土：该土属分布于峨口镇、峪口乡的洪积扇边缘，海拔为 890～920 米。该土母质为洪积—冲积物，是由洪水洪积而成的土壤，土体发育较差。自然植被主要有狗尾草、白茅、苦菜、小蓟、旋风草、马唐、灰菜等，根据其表层质地分为洪黄垆土 1 个土种。

洪黄垆土。

剖面位置：峪口乡下庄村中心 N75°E，距离 375 米，海拔 886 米的周吉垴。

0～24 厘米：暗褐色轻壤质土，结构屑粒状，土层疏松、润，植物根多。

24～48 厘米：淡灰褐色轻壤质土，结构小块状，土层紧实、润，植物根中量，有少量的蚯蚓粪。

48～82 厘米：棕褐黄色轻壤质土，结构小块状，土层紧实、润，植物根中量，有少量的蚯蚓粪。

82～112 厘米：灰棕褐色轻壤质土，结构棱块状，土层紧实、润，植物根少，有少量的蚯蚓粪。

112～150 厘米：棕褐色轻壤质土，结构块状，土层稍紧、潮湿，有少量的蚯蚓粪及石块。

洪黄垆土的典型剖面描述见表 3-24。

表 3-24　洪黄垆土典型剖面理化性状分析结果（1982 年普查数据）

土层厚度（厘米）	有机质（%）	全氮（%）	全磷（%）	pH	CaCO₃（%）	代换量（me/百克土）	机械组成（%）		
							>0.01（毫米）	<0.01（毫米）	<0.001（毫米）
0～24	1.614	0.097	0.079	8.4	—	—	—	—	—
24～48	1.076	0.069	0.071	8.3	—	—	—	—	—
48～82	0.863	0.060	0.071	8.4	—	—	—	—	—
82～112	0.731	0.048	0.065	—	—	—	—	—	—
112～150	0.731	0.049	0.054	8.3	—	—	—	—	—

全剖面石灰反应强烈，呈微碱性反应。

该土土地平整，耕性好，水源充足，保水保肥性能较好，土壤养分高。种植玉米、辣椒、高粱、蔬菜。

（三）潮土

潮土主要分布于沿滹沱河两岸的河漫滩及一级阶地上，海拔为 831～905 米。

潮土发育在洪积—冲积母质上，所处地势平坦，土层深厚，自然植被茂密。其水源径流弱，排水不畅，土壤水分较多，是一种受生物气候影响较小的隐域性土壤。地下水距地表较近，埋藏深度在 2 米左右。它直接参与土壤的形成，而使土壤产生了独特的成土过程和剖面特征。

潮土形成过程的主要特点是具有明显的腐殖质累积过程和潜育过程。

首先，由于草甸草本植物生长繁茂，每年给土壤留下较多的有机残体。在土壤湿度较大的条件下，有机残体进行嫌气分解，有利于腐殖质的累积，由于草本植物根系集中在表层 30 厘米内，因此，潮土的腐殖质累积主要集中在表层，向下腐殖质含量渐减。同时，这些植物柔软多汁，含钾、钙较高，分解后，土壤溶液为钾、钙的强凝聚剂所饱和，而使土壤呈中性或微碱性反应，由于腐殖质的成分中有胡敏酸，它与钙相结合，能形成团粒结构，从而使潮土表层既富有养分，又具有良好的农业物理性状。

其次，由于地下水埋藏浅，在季节性干旱与降水过程中，潜水可通过毛细管作用上下移动，使得地下水位升降频繁，从而引起土体中的氧化还原过程交替进行，铁、锰、氧化物随之迁移和局部聚积，在土壤剖面中出现锈纹锈斑，形成潴育层。潴育层下，经常受水影响，而以还原作用为主，形成潜育层。

该土所处全县滹沱河两岸，是地下水和地表水的汇集处。每年南北两侧山地的地下潜水及上部的降水都汇集于河内，又因滹沱河下游阳明堡的泊水出水不畅，河床有逐年抬高的趋势。因而，河水大量渗漏于地下，使得河漫滩及一级阶地的地下水位有所上升。这对潮土的形成也有很大影响。

此外，由于该土受地形、水文等的影响，有的地方已脱离地下水而向褐土化过渡；有的地方因地势低洼，地下水流不畅，且矿化度高，所以在干旱季节，土壤中可溶性盐分随水分的蒸发而累积于地表，形成了灰白色的盐渍化土壤。据此代县潮土分为脱潮土、潮土、盐化潮土 3 个亚类。

1. 脱潮土 本亚类分布于沿滹沱河两岸的一级阶地及一级阶地向二级阶地过渡的地段，海拔为 850～870 米。

该土由于地形较低，地下水位高，因而在早年成土过程中，受地下水的影响而呈浅色潮土。近年来由于干旱，地下水位逐渐降低，石灰反映增强，pH 增高，底土草甸化过程已不明显或消失，在其演变过程中产生了附加的钙化过程，而向褐土化方向发展。但典型的土壤其底土层仍保留有草甸化的痕迹，土色灰暗或呈蓝色，隐约可见锈纹锈斑。由于地下水位较高，在多雨年份仍有可能发生草甸化。根据熟化程度分为洪冲积脱潮土 1 个土属。

洪冲积脱潮土土属：分布于上馆镇、峪口乡，成土母质为冲积物，地下水位为 5～7 米，熟化程度较好。自然植被主要有狗尾草、苍耳、猪毛菜、马唐、水稗等。根据其表层质地分为洪脱潮土 1 个土种。

剖面位置：上馆镇上平城村中心 S20°E，距京原铁路 1 500 米，海拔 815 米的东井地。

0～16 厘米：淡褐色轻壤质土，结构屑粒，土层疏松、多孔、润，植物很多，石灰反应强烈。

16～45 厘米：黄褐色沙壤质土，结构块状，土层紧实、多孔、润，植物根中，石灰反应中量。

45～71 厘米：棕黄色轻壤质土，结构块状，土层紧实、多孔、润，植物根中，石灰反应中量。

71~120 厘米：褐色轻壤质土，结构块状，土层紧实、多孔、潮湿，植物很少，石灰反应强烈。

120~150 厘米：灰黄色沙壤质土，结构块状，土层紧实、多孔、潮湿，石灰反应强烈。

全剖面呈微碱性反应，二、三层内有动物穴及蚯蚓粪。

洪脱潮土典型剖面描述见表 3-25。

表 3-25 洪脱潮土典型剖面理化性状分析结果（1982 年普查数据）

土层厚度（厘米）	有机质（%）	全氮（%）	全磷（%）	pH	CaCO₃（%）	代换量（me/百克土）	机械组成（%）		
							>0.01（毫米）	<0.01（毫米）	<0.001（毫米）
0~16	1.108	0.061	0.077	8.4	5.9	15.7	78.16	21.84	8.48
16~45	0.300	0.061	0.069	8.3	5.9	3.5	81.13	18.87	5.90
45~71	0.289	0.027	0.067	8.3	6.3	4.6	77.04	22.96	5.70
71~120	0.274	0.031	0.071	8.4	6.7	3.9	79.04	20.93	7.73
120~150	0.253	0.018	0.071	8.4	6.1	3.4	81.13	18.87	5.69

该土土地平整，灌溉条件好，质地适中，耕性良好，保水保肥能力较强，肥力较高。种植玉米、高粱、谷子、蔬菜等。

2. 潮土 该亚类主要分布于阳明堡镇、上馆镇、枣林镇、聂营镇、峪口乡、新高乡等乡（镇）的一级阶地及洪积扇的潜水露头处，海拔为 835~900 米。

该土是潮土中颜色较浅而无盐化的一种土壤，其所处地势低洼，土体湿润，地温较低，有机质、腐殖质含量较潮土的其他亚类稍高。自然植被主要有苍耳、女苑、旋复花、金戴戴、灰绿藜、问荆、芦苇以及杨、柳、酸刺等；成土母质为近代河流冲积物，靠近沟壑残垣处兼受洪积物影响。地下水位高，为 0.5~25 米。其径流畅通，水质较好，土壤成土过程中受地下水影响较大，土质较黏，锈纹锈斑明显。根据熟化程度分为冲积潮土 1 个土属。

冲积潮土土属：主要分布于上馆镇、峪口乡、枣林镇的河漫滩及防护林一带和阳明堡镇、新高乡、聂营镇的一级阶地上，海拔为 835~900 米。

该土属沙黏沉积层次相间清晰，石灰反应略低或强烈，呈微碱性反应，地下水位为 0.4~2.7 米，自然植被主要有苍耳、稗草、灰绿藜、蒲公英等喜湿性植物。根据土壤表层质地分为耕二合潮土、绵潮土 2 个土种。

①耕二合潮土。

剖面位置：上馆镇西关村，位于五里村中心 S40°E，距滹沱河北岸 100 米，海拔 849 米。

0~14 厘米：黄褐色黏土，结构块状，土层疏松、中孔、湿，有中量锈纹锈斑，植物很多，石灰反应中量。

14~30 厘米：灰黑色轻壤质土，结构粒状，土层疏松、少孔、湿，植物很多，石灰反应弱。

30～40厘米：棕褐色沙土，结构粒状，土层疏松、中孔、湿，植物根少，石灰反应中量。

40厘米以下为潜水。

全剖面呈微碱性反应。

耕二合潮土典型剖面描述见表3-26。

表3-26　耕二合潮土典型剖面理化性状分析结果（1982年普查数据）

土层厚度（厘米）	有机质（%）	全氮（%）	全磷（%）	pH	CaCO₃（%）	代换量（me/百克土）	机械组成（%）		
							>0.01（毫米）	<0.01（毫米）	<0.001（毫米）
0～14	3.141	0.075	0.085	8.3	11.7	21	35.19	64.81	18.24
14～30	0.485	0.029	0.070	8.3	7.0	8.6	77.24	22.76	9.76
30～40	沙层	—	0.100	8.4	1.6	0.0	94.44	5.56	0.02

②绵潮土。

剖面位置：阳明堡镇南关村中心S17°W，距离1 250米，海拔838米的西二方。

0～22厘米：黑褐色轻壤质土，结构屑粒，土层疏松、润，植物根多。

22～68厘米：棕褐色轻壤质土，结构块状，土层较紧、润，植物根中量。

68～114厘米：灰褐色中壤质土，结构块状，土层较紧、润，植物根少。

114～150厘米：灰色轻壤质土，结构块状，土层较紧、潮湿，有少量锈纹锈斑及植物根。

全剖面石灰反应强烈，呈微碱性反应。

绵潮土典型剖面描述见表3-27。

表3-27　绵潮土典型剖面理化性状分析结果（1982年普查数据）

土层厚度（厘米）	有机质（%）	全氮（%）	全磷（%）	pH	CaCO₃（%）	代换量（me/百克土）	机械组成（%）		
							>0.01（毫米）	<0.01（毫米）	<0.001（毫米）
0～22	0.995	0.059	0.077	8.20	7.1	6.7	74.78	25.22	6.78
22～68	0.531	0.048	0.062	7.90	10.4	5.4	70.95	29.05	9.76
68～114	0.568	0.044	0.059	8.10	15.3	5.1	62.56	37.34	20
114～150	0.277	0.032	0.042	8.10	16.0	4.9	70.95	29.05	13.82

该土地块平整，水利条件好，质地较细，沙黏比例适中，耕性良好，保水保肥及供水供肥性能较好，土壤肥力亦较高。种植玉米、高粱、谷子、蔬菜等。

3. 盐化潮土　本亚类分布于滹沱河两岸的一级阶地上，其地势低平，排水较差，海拔为832～610米。

该土由于所处地势低洼，水流不畅通，地下水位高（约为1米，局部地块接近地表），地下水矿化度高。因此，土体中锈纹锈斑均在上部就开始出现，在季节性旱涝及土壤毛细管的作用下，使土壤产生了附加的盐化过程。地表盐分大量积聚，形成盐霜或盐结皮，有的在白色的碱斑中夹有黄色的马尿斑块等，表现出明显的盐碱危害。作物生长受抑，一般缺苗在 30％以上。自然植被只能生长一些盐蓬、盐爪爪、金戴戴、蒲草、水稗、苍耳等喜温耐盐植物。此外，还生长有酸刺、柳树等灌木。土体构型为：盐结皮—积盐层—氧化还原层—母质层。其盐分特征：代县多为氯化物与硫酸盐混存，大多以硫酸盐为主，其次是氯化物、重碳酸盐、碳酸盐；阳离子主要是钠和钾，其次为钙和镁。土壤离子总量为 0.19％～0.85％。根据土壤的积盐类型分为硫酸盐盐化潮土、氯化物盐化潮土、混合盐化潮土 3 个土属。

（1）硫酸盐盐化潮土：该土属分布于新高乡、峪口乡、阳明堡镇的河漫滩和上馆镇、阳明堡镇、磨坊乡、峨口镇、峪口乡、新高乡的一级阶地上。海拔为 834～980 米。

该土母质为冲积物，其盐分组成以硫酸盐为主，占离子总量的 37％～45％，氯化物占 16％～21％。地下水位在 0.5～2 米。自然植被主要有盐爪爪、金戴戴、酸刺、柳树、盐蓬、稗草、小蓟、芦苇、萎陵菜、车前子等。根据土壤表层质地及盐化程度分为轻白盐潮土、耕轻白盐潮土、耕重白盐潮土 3 个土种。

①轻白盐潮土。

剖面位置：新高乡董家寨村中心 N35°W，距离 815 米，海拔 853 米的大河滩。

0～12 厘米：灰黄色沙土，结构碎块状，土层紧实、潮湿，有中量锈纹锈斑，植物根多，石灰反应强烈。

12～20 厘米：灰褐色沙土，结构单粒状，土层疏松、潮湿，有多量锈纹锈斑，植物根少，石灰反应中量。

20～50 厘米：灰褐色沙土，结构单粒状，土层疏松、潮湿，有多量锈纹锈斑，石灰反应微弱。

50 厘米以下为潜水。

全剖面呈微碱性反应。

轻白盐潮土典型剖面描述见表 3－28、表 3－29。

表 3－28　轻白盐潮土典型剖面理化性状分析结果（1982 年普查数据）

土层厚度（厘米）	有机质（％）	全氮（％）	全磷（％）	pH	CaCO₃（％）	代换量（me/百克土）	机械组成（％）		
							>0.01（毫米）	<0.01（毫米）	<0.001（毫米）
0～12	0.252	0.025	0.064	8.40	5.4	3.0	90.06	9.94	3.38
12～20	6.173	0.019	0.052	8.30	4.6	2.5	93.32	6.68	1.63
20～50	0.137	0.011	0.107	8.25	2.6	0.0	97.36	2.64	0.63

表 3－29　轻白盐潮土典型剖面盐分含量分析结果（1982 年普查数据）

项　目	土层深度（厘米）	0～5	5～20	20～50
CO₃²⁻	me/百克土	0.082 0	—	—
	％	0.002 5	—	—

（续）

项目	土层深度（厘米）	0～5	5～20	20～50
HCO_3^-	me/百克土	0.483 8	—	0.385 4
	%	0.029 5	—	0.023 5
Cl^-	me/百克土	1.400 1	—	0.295 8
	%	0.049 7	—	0.010 5
SO_4^{2-}	me/百克土	1.791 6	—	—
	%	0.086 0	—	—
Ca^{2+}	me/百克土	0.202 4	—	—
	%	0.004 0	—	—
Mg^{2+}	me/百克土	2.947 9	—	—
	%	0.067 8	—	—
$Na^+ + K^+$	me/百克土	0.607 0	—	—
	%	0.007 4	—	—
离子总量	克	0.232 2	—	—

该土盐分含量高，常受河水威胁。

②耕轻白盐潮土。

剖面位置：峨口镇正下社村中心 N18°W，距离 500 米，海拔 897 米的黄土清地。

0～20 厘米：褐灰色轻壤质土，结构屑粒，土层疏松、潮湿，植物根多，石灰反应强烈。

20～66 厘米：褐灰色轻壤质土，结构屑粒，土层稍紧、潮湿，有少量锈纹锈斑，植物根中量，石灰反应微弱。

66～115 厘米：褐黄色沙壤质土，结构单粒，土层紧、潮湿，有多量锈纹锈斑，石灰反应微弱。

115～150 厘米：黄灰色沙壤质土，结构单粒，土层紧、潮湿，有多量锈纹锈斑。

全剖面呈微碱性反应。

耕轻白盐潮土典型剖面描述见表 3-30、表 3-31。

表 3-30 耕轻白盐潮土典型剖面盐分含量分析结果

项目	土层深度（厘米）	0～5	5～20	20～66	66～115	115～150
CO_3^{2-}	me/百克土	—	—	—	—	—
	%	—	—	—	—	—
HCO_3^-	me/百克土	0.303 4	—	0.385 4	0.213 2	0.164 0
	%	0.018 5	—	0.023 5	0.013 0	0.010 0

（续）

项　目	土层深度（厘米）	0～5	5～20	20～66	66～115	115～150
Cl^-	me/百克土	0.986 0	—	0.098 6	0.098 6	0.128 2
	%	0.035 0	—	0.003 5	0.003 5	0.004 6
SO_4^{2-}	me/百克土	3.390 8	—	—	—	—
	%	0.162 9	—	—	—	—
Ca^{2+}	me/百克土	1.315 6	—	—	—	—
	%	0.026 3	—	—	—	—
Mg^{2+}	me/百克土	1.416 8	—	—	—	—
	%	0.017 3	—	—	—	—
Na^++K^+	me/百克土	1.947 8	—	—	—	—
	%	0.044 8	—	—	—	—
离子总量	克	0.295 5	—	—	—	—
全盐量	%	0.320	0.112	0.049	0.033	0.027

表 3-31　耕轻白盐潮土典型剖面理化性状分析结果（1982 年普查数据）

土层厚度（厘米）	有机质（%）	全氮（%）	全磷（%）	pH	CaCO₃（%）	代换量（me/百克土）	机械组成（%）		
							>0.01（毫米）	<0.01（毫米）	<0.001（毫米）
0～12	0.842	0.120	0.071	8.35	5.6	3.42	65.92	34.08	14.08
20～66	0.769	0.048	0.067	8.35	7.4	5.53	71.92	28.08	12.08
66～115	0.415	0.027	0.071	8.40	10.0	3.10	79.92	20.08	10.08
115～150	0.527	0.027	0.089	8.30	0	4.19	79.92	20.08	10.08

该土水分充足，耕性差，属冷性土。主要种植高粱、玉米、葵花、豆类等比较耐碱作物。

③耕重白盐潮土。本土种分布于阳明堡镇南关村碱凹西二方地一带。

剖面位置：阳明堡镇南关村，位于小寨村中心 N16°W，距离 1 250 米，海拔 837 米的碱凹西二方。

0～22 厘米：棕褐色轻壤质土，结构屑粒状，土层较紧实、润，植物根中量。

22～40 厘米：黄褐色轻壤质土，结构块状，土层较紧实、润，有少量木炭屑，植物根少。

40～90 厘米：黄褐色轻壤质土，结构块状，土层较紧实、潮湿，有少量锈纹锈斑、木炭屑及植物根。

90～139 厘米：灰褐色中壤质土，结构块状，土层较紧实、湿。

139 厘米以下为潜水。

全剖面石灰反应强烈，呈微碱性—碱性反应。

耕重白盐潮土典型剖面描述见表 3-32、表 3-33。

表 3-32 耕重白盐潮土典型剖面理化性状分析结果（1982 年普查数据）

土层厚度（厘米）	有机质（%）	全氮（%）	全磷（%）	pH	CaCO₃（%）	代换量（me/百克土）	机械组成（%）		
							>0.01（毫米）	<0.01（毫米）	<0.001（毫米）
0~22	0.853	0.049	0.054	8.40	11.0	5.79	65.12	34.88	20.88
22~40	0.769	0.044	0.052	8.60	10.0	6.95	67.12	32.88	18.88
40~90	0.538	0.044	0.052	8.45	10.6	9.50	61.12	38.88	18.88
90~139	0.793	0.057	0.047	8.30	15.8	12.46	49.12	50.88	24.88

表 3-33 耕重白盐潮土典型剖面盐分含量分析结果（1982 年普查数据）

项 目	土层深度（厘米）	0~5	5~20	20~40	40~90	90~130
CO₃²⁻	me/百克土	—	0.082 0	—	—	—
	%	—	0.002 5	—	—	—
HCO₃⁻	me/百克土	0.270 6	0.463 3	—	—	—
	%	0.016 5	0.028 3	—	—	—
Cl⁻	me/百克土	2.070 6	0.936 7	—	—	—
	%	0.073 5	0.033 3	—	—	—
SO₄²⁻	me/百克土	10.349 2	1.944 0	—	—	—
	%	0.496 8	0.095 7	—	—	—
Ca²⁺	me/百克土	2.530 0	0.506 0	—	—	—
	%	0.050 6	0.010 1	—	—	—
Mg²⁺	me/百克土	1.366 2	0.101 2	—	—	—
	%	0.016 7	0.001 2	—	—	—
Na⁺+K⁺	me/百克土	8.794 2	2.868 8	—	—	—
	%	0.202 3	0.061 0	—	—	—
离子总量	克	0.848 2	0.223 0	—	—	—
全盐量	%	0.920	0.250	0.147	0.108	0.083

该土耕性好，受盐碱危害较重，只能种植葵花、豆类等耐盐碱作物。

（2）氯化物盐化潮土：该土属分布于聂营镇、峪口乡、新高乡一级阶地低洼处，海拔为 840~900 米。

该土母质为冲积物，地下水位为 1.5 米。自然植被主要有碱蓬、芦苇、刺儿菜、盐吸、萎陵菜等一些喜湿耐碱草本植物。其盐分组成主要以氯化物为主，占离子总量的43%；硫酸盐占离子总量的 15%。根据表层质地和盐化程度分为中盐潮土 1 个土种。

中盐潮土。

剖面位置：新高乡谢家寨村中心 S50°W，距离 310 米，海拔 841 米的四分地。

0～12厘米：褐黄色轻壤质土，结构碎块状，土层疏松、潮湿，植物根多。

12～32厘米：褐黄色轻壤质土，结构块状，土层疏松、潮湿，植物根中量。

32～80厘米：褐黄色轻壤质土，结构块状，土层疏松、湿，植物根少。

80～113厘米：褐黄色轻壤质土，结构块状，土层疏松、湿，有中量锈纹锈斑，植物根少。

113～150厘米：褐黄色轻壤质土，结构块状，土层疏松、湿，有中量锈纹锈斑。

全剖面石灰反应强烈，呈微碱性反应。

中盐潮土典型剖面描述见表3-34、表3-35。

表3-34　中盐潮土典型剖面理化性状分析结果（1982年普查数据）

土层厚度（厘米）	有机质（%）	全氮（%）	全磷（%）	pH	CaCO₃（%）	代换量（me/百克土）	机械组成（%）		
							>0.01（毫米）	<0.01（毫米）	<0.001（毫米）
0～12	0.426	0.040	0.044	8.45	9.2	4.4	71.12	28.88	14.88
12～22	0.416	0.037	0.057	8.45	9.2	8.53	71.12	28.88	12.88
32～80	0.462	0.017	0.057	8.40	—	2.39	—	—	—
80～113	0.365	0.023	0.058	8.40	8.0	2.39	79.12	20.88	10.08
113～150	0.300	0.020	0.052	8.35	8.8	3.64	81.92	18.08	10.08

表3-35　耕重白盐潮土典型剖面盐分含量分析结果（1982年普查数据）

项　目	土层深度（厘米）	0～5	5～32	32～80	80～113	113～150
CO_3^{2-}	me/百克土	0.492 0	—	—	—	—
	%	0.014 8	—	—	—	—
HCO_3^-	me/百克土	0.624 0	0.516 6	0.303 4	0.492 0	0.319 8
	%	0.026 0	0.031 5	0.018 5	0.030 0	0.019 5
SO_4^{2-}	me/百克土	1.644 6	—	—	—	—
	%	0.079 0	—	—	—	—
Cl^-	me/百克土	6.261 1	0.295 8	0.147 9	0.098 6	0.197 2
	%	0.220 0	0.010 5	0.005 5	0.003 5	0.007 0
Ca^{2+}	me/百克土	8.825 0	—	—	—	—
	%	0.101 2	—	—	—	—
Mg^{2+}	me/百克土	1.163 8	—	—	—	—
	%	0.014 2	—	—	—	—
$Na^+ + K^+$	me/百克土	7.560 0	—	—	—	—
	%	0.173 9	—	—	—	—
离子总量	克	0.519 2	—	—	—	—
全盐量	%	0.610	0.083	0.066	0.058	0.069

该土土体潮湿，通透性差，耕性不良，盐碱危害较重，当地称黑油碱。春季地表泥泞，作物生长较差。种植葵花、豆类等耐碱作物。

（3）混合盐化潮土：该土属主要分布于上馆镇、新高乡、阳明堡镇等乡（镇）的一级阶地的低洼处，海拔为835～850米。

该土母质为冲积物，地下水位在1.5米左右，自然植被主要有苍耳、水稗、蒿草、刺儿菜等。其盐分含量以苏打为主，其次是氯化物。根据土壤表层质地及盐化程度分为轻混盐潮土1个土种。

轻混盐潮土。

剖面位置：上馆镇西关村，位于五里村中心S50°E，距火车路500米，海拔850米的西斜道。

0～30厘米：黄棕色沙壤质土，结构屑粒，土层疏松、多孔、润，植物根多。

30～65厘米：灰棕色沙壤质土，结构粒状，土层紧实、中孔、润，植物根中量。

65～89厘米：棕黄色沙壤质土，结构粒状，土层紧实、中孔、润，植物根中量。

89～110厘米：灰褐色沙土，结构粒状，土层紧实、少孔、潮湿，植物根少。

110～150厘米：灰褐色沙土，结构粒状，土层紧实、少孔、潮湿，植物根少。

全剖面石灰反应强烈，呈微碱性反应。

轻混盐潮土典型剖面描述见表3-36、表3-37。

表3-36　轻混盐潮土典型剖面理化性状分析结果（1982年普查数据）

土层厚度（厘米）	有机质（%）	全氮（%）	全磷（%）	pH	$CaCO_3$（%）	代换量（me/百克土）	机械组成（%）		
							>0.01（毫米）	<0.01（毫米）	<0.001（毫米）
0～30	0.588	0.035	0.070	8.10	—	—	77.92	22.08	8.08
30～65	0.576	0.032	0.067	8.20	6.2	2.03	75.92	24.08	10.08
65～89	0.482	0.022	0.052	8.35	6.2	1.50	77.92	22.08	12.08
89～110	0.592	0.028	0.054	8.35	5.4	4.26	75.92	24.08	12.08
110～150	0.436	0.022	0.067	8.35	4.4	3.29	79.92	20.08	10.08

表3-37　轻混盐潮土典型剖面盐分含量分析结果（1982年普查数据）

项目	土层深度（厘米）	0～5	5～20	20～65	65～89	89～110	110～150
CO_3^{2-}	me/百克土	—	—	—	—	—	—
	%	—	—	—	—	—	—
HCO_3^-	me/百克土	—	0.426 4	—	0.303 4	0.401 8	0.385 4
	%	—	0.026 0	—	0.018 5	0.024 5	0.023 5
SO_4^{2-}	me/百克土	—	—	—	—	—	—
	%	—	—	—	—	—	—

（续）

项　目	土层深度（厘米）	0～5	5～20	20～65	65～89	89～110	110～150
Cl⁻	me/百克土	—	0.443 7	—	0.394 4	0.295 8	0.295 8
	%		0.015 8		0.014 0	0.010 5	0.010 5
Ca²⁺	me/百克土	—	—	—	—	—	—
	%	—	—	—	—	—	—
Mg²⁺	me/百克土	—	—	—	—	—	—
	%	—	—	—	—	—	—
Na⁺＋K⁺	me/百克土	—	—	—	—	—	—
	%	—	—	—	—	—	—
离子总量	克						
全盐量	%	0.091	0.078	0.085	0.076	0.062	0.038

该土质地较粗，耕性良好，保水保肥性能差，盐渍化较重，土体中无锈纹锈斑，养分含量贫瘠。种植玉米、高粱、葵花等耐碱作物。

（四）水稻土

水稻土主要分布于磨坊乡、枣林镇、峨口镇、聂营镇、峪口乡、新高乡等乡（镇）的一级阶地及部分河漫滩上，海拔为 840～900 米。

水稻土是人类生产活动，水耕熟化过程中形成的特殊土壤。其形成过程中的主要特点是具有氧化—还原过程；腐殖质的积累与分解；复盐基和复盐淋溶以及黏粒的积累和淋失。

全县种稻历史较长，水稻土发育在平原洼地上，地下水位很高，剖面深受地下水的影响，呈青灰色、糊烂，发育为地下水型水稻土。较长期的淹水，使水稻土产生了与其他土壤不同的水分状态，表现为氧化—还原状态特征。水稻生长期间以还原态为主，其余时间为氧化态为主。在淹水时期，水分几乎充满了土壤所有空隙，使土壤含有很少的空气而呈嫌气状态。但其表层 1～2 厘米处，由于溶有氧气的灌溉水不时透过，而呈氧化状态，其下为完全缺氧的还原层。根系附近的土壤，由于根系分泌出少量的氧气使低价铁氧化而表现铁锈色的斑纹。

在渍水条件下，通过微生物的生命活动以及植物根系的作用，使水稻土具有独特的腐殖质特征。腐殖质的积累，随淹水时间的增加而增加，土壤有机质的含量也相应增高。因而，水稻连作也有利于有机质的积累。

施肥和灌溉有利于土壤复盐基的增加，淹水还原则可加速土壤中盐分的淋失。石灰和草木灰等含有大量盐基，施用这些肥料对水稻土形成有深刻影响。

水稻土黏粒补充的重要途径是通过灌水和施用河泥，但如排灌不当，会发生串田径流，黏粒可从田间大量流失。

水稻土在人为定向培肥的过程，经过长期耕种、施肥和灌溉，以及还原淋溶和氧化淀积作用，形成了特有的剖面构型：耕作层—犁底层—氧化还原层—潜育层。根据其形成特点，代县水稻土只有盐渍性水稻土1个亚类。

盐渍性水稻土　本亚类是由盐化土壤种稻而成，其心、底土层含有不同程度的盐分。地下水位较高，为1~1.5米，母质属冲积物，自然植被主要有三棱草、稗草、芦苇、蒲草、盐吸、车前子等草本植物。本亚类有洪冲积盐渍性水稻土1个土属。

洪冲积盐渍性水稻土：洪冲积盐渍性水稻土土属为本亚类的典型土属。根据其表层质地分为盐性田1个土种。

盐性田。

剖面位置：峨口镇西下社村中心N80°W，距离1 300米，海拔880米的杨树湾。

0~21厘米：浅灰色轻壤质土，结构块状，土层松、湿，有少量锈纹锈斑，植物根多，石灰反应强烈。

21~54厘米：浅灰色轻壤质土，结构块状，土层松、湿，有中量锈纹锈斑，植物根中量，石灰反应强烈。

54~105厘米：浅灰色中壤质土，结构块状，土层松、湿，有中量锈纹锈斑，植物根少，石灰反应强烈。

105~133厘米：浅灰色沙壤质土，结构块状、土层松、湿，有中量锈纹锈斑。

133~150厘米：黑灰色沙壤质土，结构单粒、土层松、湿。

全剖面呈微碱性反应。

盐性田的典型剖面描述见表3-38。

表3-38　盐性田典型剖面理化性状分析结果（1982年普查数据）

土层厚度（厘米）	有机质（%）	全氮（%）	全磷（%）	pH	CaCO₃（%）	代换量（me/百克土）	机械组成（%）		
							>0.01（毫米）	<0.01（毫米）	<0.001（毫米）
0~21	1.269	0.072	0.056	8.40	8.3	0.5	74.61	25.39	1.00
21~54	0.690	0.045	0.057	8.20	11.3	4.7	73.59	26.41	1.64
54~105	0.693	0.133	0.049	8.30	12.4	6.0	63.27	36.73	16.13
105~133	1.037	0.042	0.052	8.20	0.0	4.8	81.74	18.26	4.88
133~150	1.470	0.031	0.101	7.85	0.0	0.2	81.74	18.26	—

该土土体潮湿，耕性差，保水保肥能力一般。

第二节　有机质及大量元素

土壤大量元素背景值的表达方式以各统计单元养分汇总结果的算术平均值和标准差来表示，分别以单体N、P、K表示。表示单位：有机质、全氮用克/千克表示，有效磷、速效钾、缓效钾用毫克/千克表示。

土壤有机质、全氮、有效磷、速效钾等以《山西省耕地土壤养分含量分级参数表》为标准各分6个级别，见表3-39。

表3-39 山西省耕地地力土壤养分分级标准

级别	I	II	III	IV	V	VI
有机质（克/千克）	>25.00	20.01~25.00	15.01~20.00	10.01~15.00	5.01~10.00	≤5.00
全氮（克/千克）	>1.50	1.201~1.50	1.001~1.200	0.701~1.000	0.501~0.70	≤0.50
有效磷（毫克/千克）	>25.00	20.01~25.00	15.1~20.0	10.1~15.0	5.1~10.0	≤5.0
速效钾（毫克/千克）	>250	201~250	151~200	101~150	51~100	≤50
缓效钾（毫克/千克）	>1 200	901~1 200	601~900	351~600	151~350	≤150
有效铜（毫克/千克）	>2.00	1.51~2.00	1.01~1.51	0.51~1.00	0.21~0.50	≤0.20
有效锰（毫克/千克）	>30.00	20.01~30.00	15.01~20.00	5.01~15.00	1.01~5.00	≤1.00
有效锌（毫克/千克）	>3.00	1.51~3.00	1.01~1.51	0.51~1.00	0.31~0.50	≤0.30
有效铁（毫克/千克）	>20.00	15.01~20.00	10.01~15.00	5.01~10.00	2.51~5.00	≤2.50
有效硼（毫克/千克）	>2.00	1.51~2.00	1.01~1.50	0.51~1.00	0.21~0.50	≤0.20
有效钼（毫克/千克）	>0.30	0.26~0.30	0.21~0.25	0.16~0.20	0.11~0.15	≤0.10
有效硫（毫克/千克）	>200.0	100.1~200	50.1~100.0	25.1~50.0	12.1~25.0	≤12.0

一、含量与分布

（一）有机质

土壤有机质是土壤肥力的重要物质基础之一。土壤中的动植物、微生物残体和有机肥料是土壤有机质的基本来源。经过微生物分解和再合成的腐殖质是有机质的主要成分。占有机质总量的70%～90%。土壤有机质是植物营养元素的源泉，调节着土壤营养状况，影响着土壤中水、肥、气、热的各种性状。同时，腐殖质参与了植物的生理和生化过程，并且具有对植物产生刺激或抑制作用的特殊功能。有机质还能改善沙土过沙、黏土过紧等不良物理性状，因此，土壤有机质含量通常作为衡量土壤肥力的重要指标。

代县耕地土壤有机质含量变化为5.00～31.43克/千克，平均值在13.16克/千克，属省四级水平。见表3-40、图3-1。

（1）不同行政区域：峨口镇平均值最高，为18.12克/千克；其次是滩上镇，平均值为16.75克/千克；最低是枣林镇，平均值为10.96克/千克。

（2）不同地形部位：黄土垣、梁平均值最高，为17.80克/千克；其次是洪积扇上部，平均值为14.44克/千克；最低是河流阶地，平均值为11.58克/千克。

（3）不同土壤类型：栗褐土最高，平均值为15.07克/千克；褐土最低，平均值为12.86克/千克。

表3-40 代县大田土壤大量元素分类统计结果

单位：克/千克、毫克/千克

类 别		有机质		全氮		有效磷		速效钾		缓效钾	
		平均值	区域值	平均值	区域值	平均值	区域值	平均值	区域值	平均值	区域值
行政区域	上馆镇	12.22	8.01~19.34	0.69	0.44~1.03	8.92	3.92~24.4	87.91	64.0~207.5	767.8	492~920.9
	阳明堡镇	13.50	9.01~19.01	0.78	0.49~1.09	9.75	3.92~28.4	95.08	67.3~214.1	706.7	552~920.9
	峨口镇	18.12	10.0~24.34	0.94	0.52~1.22	20.28	4.57~35.1	123.58	86.9~167.3	871.4	740.5~980.7
	聂营镇	12.75	7.01~31.43	0.70	0.47~1.57	10.20	3.92~36.2	123.67	73.9~308.8	871.2	700.7~1 120
	枣林镇	10.96	6.68~16.68	0.59	0.35~1.70	9.05	3.28~24.7	110.98	57.5~267.5	755.1	600~960.8
	滩上镇	16.75	8.34~28.68	0.84	0.32~1.43	14.67	5.76~32.8	132.52	77.1~292.3	808.8	654.1~1 329.7
	新高乡	12.86	7.34~24.34	0.68	0.35~1.37	12.21	3.49~33.95	116.98	77.1~259.3	830.9	660.8~1 060
	峪口乡	15.04	8.01~23.68	0.76	0.42~1.10	13.94	5.10~30.63	127.15	73.9~210.8	896.6	760.4~1 020.6
	磨坊乡	11.95	5.00~21.34	0.64	0.25~1.18	9.79	3.92~27.31	108.45	70.6~300.5	790.6	620.9~1 180
	胡峪乡	11.73	8.01~21.34	0.62	0.35~1.19	10.13	3.92~23.07	130.58	83.7~366.6	795.7	660.8~980.7
	雁门关乡	11.94	6.01~21.68	0.64	0.37~1.08	8.79	4.78~22.41	104.52	70.6~308.8	772.6	588~1 180
土壤类型	褐土	12.86	5.00~28.68	0.70	0.25~1.70	10.56	3.28~35.06	108.06	57.5~308.8	779.9	492~1 304
	栗褐土	15.07	11.01~21.68	0.81	0.57~1.19	14.40	6.09~23.07	159.36	100.0~366.6	894.2	720.6~1 180
	潮土	13.45	7.34~24.34	0.71	0.40~1.26	13.01	3.92~33.95	109.10	67.3~214.1	820.3	660.8~980.7
	水稻土	14.72	9.01~24.34	0.79	0.47~1.26	13.91	6.42~27.31	120.21	77.1~267.5	828.4	680.7~940.9
地形部位	冲、洪积扇前缘	11.98	6.01~17.34	0.68	0.44~0.96	8.23	3.92~14.39	92.76	73.9~143.5	743.6	492.3~860.1
	沟谷地	13.27	6.68~28.68	0.69	0.32~1.43	11.42	3.49~35.06	123.17	73.9~366.6	800.3	564.1~1 329.7
	河流冲积平原的河漫滩	13.29	7.68~19.34	0.70	0.44~1.10	12.36	5.10~22.41	110.26	57.5~267.5	794.1	600~940.9
	河流阶地	11.58	8.01~15.00	0.61	0.37~0.77	9.59	6.42~14.72	108.89	83.7~140.2	853.9	680.7~980.7
	河流一级、二级阶地	12.53	5.00~24.34	0.69	0.25~1.70	10.30	3.28~33.95	100.66	64.1~220.6	764.6	552.1~1 060
	洪积扇上部	14.44	8.01~24.34	0.77	0.37~1.22	13.02	3.92~35.06	113.60	77.1~183.7	834.8	620.9~1 120
	黄土垣、梁	17.80	9.01~31.43	0.91	0.47~1.57	14.09	6.75~36.17	142.77	73.9~308.8	919.4	700.7~1 180

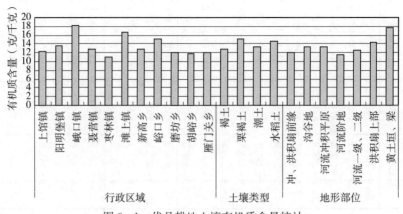

图 3-1　代县耕地土壤有机质含量统计

（二）全氮

氮素是植物生长所必需的三要素之一。土壤中氮素的积累，主要来源是动植物残体、施入的肥料，土壤中微生物的固定以及大气降水进入土壤中的氮素。

土壤中氮素的形态有无机态氮和有机态氮两种类型。无机氮很容易被植物吸收利用，是速效性养分，一般占全氮量的5％左右；有机态氮不能直接被植物吸收利用，必须经过微生物的分解转变为无机态氮以后，才能被植物吸收利用，是迟效养分，一般占全氮量的95％左右。

代县土壤全氮含量变化范围为0.25～1.70克/千克，平均值为0.71克/千克，属省四级水平。见表3-40、图3-2。

（1）不同行政区域：峨口镇平均值最高，为0.94克/千克；其次是滩上镇，平均值为0.84克/千克；最低是枣林镇，平均值为0.59克/千克。

（2）不同地形部位：黄土垣、梁平均值最高，为0.91克/千克；其次是洪积扇上部，平均值为0.77克/千克；最低是河流阶地，平均值为0.61克/千克。

（3）不同土壤类型：栗褐土最高，平均值为0.81克/千克；褐土最低，平均值为0.70克/千克。

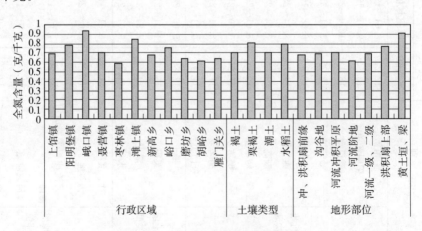

图 3-2　代县耕地土壤全氮含量统计

（三）有效磷

磷是动植物体内的不可缺少的重要元素。它对动植物的新陈代谢，能量转化，酸碱反应都起着重要作用，磷还可以促进植物对氮素的吸收利用，所以，磷也是植物所需要的"三要素"之一。

土壤中有效磷所包括的含磷化合物有水溶性磷化合物和弱酸磷化合物。此外，被吸附在土壤胶体上的磷酸根阴离子也可以被代换出来供植物吸收。据有关资料介绍，在北方中性和微碱性土壤上，通常认为，土壤中有效磷（P_2O_5）小于 5 毫克/千克为供应水平较低，5～10 毫克/千克为供应水平中等，大于 15 毫克/千克为供应水平较高。

代县有效磷含量变化范围为 3.28～36.17 毫克/千克，平均值为 11.13 毫克/千克，属省四级水平。见表 3 - 40、图 3 - 3。

（1）不同行政区域：峨口镇平均值最高，为 20.28 毫克/千克；其次是滩上镇，平均值为 14.67 毫克/千克；最低是雁门关乡，平均值为 8.79 毫克/千克。

（2）不同地形部位：黄土垣、梁平均值最高，为 14.09 毫克/千克；其次是洪积扇上部，平均值为 13.02 毫克/千克；最低是冲、洪积扇前缘，平均值为 8.23 毫克/千克。

（3）不同土壤类型：栗褐土最高，平均值为 14.40 毫克/千克；褐土最低，平均值为 10.56 毫克/千克。

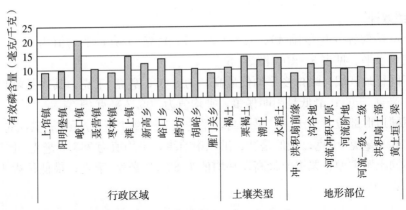

图 3 - 3　代县耕地土壤有效磷含量统计

（四）速效钾

钾素也是植物生长所必需的重要养分之一。它在土壤中的存在有速效性、迟效性和难溶性的 3 种形态。能为当季作物利用的主要是速效钾，所以，常以速效钾作为当季土壤钾素供应水平的主要指标。通常认为，土壤速效钾（包括水溶性钾和代换性钾）的含量（以 K_2O 计）小于 80 毫克/千克为供应水平较低，80～150 毫克/千克供应水平为中等，大于 150 毫克/千克供应水平为较高。

代县土壤速效钾含量变化为 57.53～366.57 毫克/千克，平均值为 111.83 毫克/千克，属省四级水平。见表 3 - 40、图 3 - 4。

（1）不同行政区域：滩上镇最高，平均值为 132.52 毫克/千克；其次是胡峪乡，平均值为 130.58 毫克/千克；最低是上馆镇，平均值为 87.91 毫克/千克。

（2）不同地形部位：黄土垣、梁平均值最高，为 142.77 毫克/千克；其次是沟谷地，平均值为 123.17 毫克/千克；最低是冲、洪积扇前缘，平均值为 92.76 毫克/千克。

（3）不同土壤类型：栗褐土最高，平均值为 159.36 毫克/千克；最低是褐土，平均值为 108.06 毫克/千克。

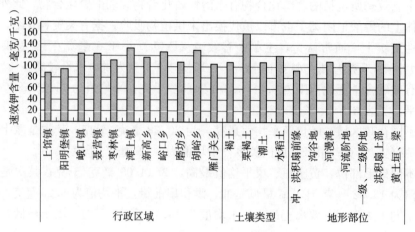

图 3-4　代县耕地土壤速效钾含量统计

（五）缓效钾

代县土壤缓效钾变化范围 492.32～1 329.71 毫克/千克，平均值为 792.67 毫克/千克，属省三级水平。见表 3-40、图 3-5。

（1）不同行政区域：峪口乡平均值最高，为 896.6 毫克/千克；其次是峨口镇，平均值为 871.4 毫克/千克；最低是阳明堡镇，平均值为 706.7 毫克/千克。

（2）不同地形部位：黄土垣、梁最高，平均值为 919.4 毫克/千克；其次是河流阶地，平均值为 853.9 毫克/千克；最低是冲、洪积扇前缘，平均值为 743.6 毫克/千克。

（3）不同土壤类型：栗褐土最高，平均值为 894.2 毫克/千克；最低是褐土，平均值为 779.9 毫克/千克。

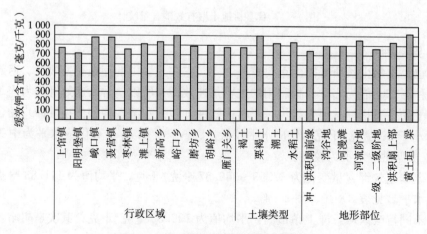

图 3-5　代县耕地土壤缓效钾含量统计

二、分级论述

(一) 有机质

Ⅰ级　有机质含量为大于 25.0 克/千克，面积为 0.13 万亩，占总耕地面积的 0.22％。主要分布于峨口镇洪积扇上和聂营镇、滩上镇的沟谷地、黄土垣梁部位上，土壤类型主要是褐土，主要作物有蔬菜、马铃薯、谷子、大豆、玉米等。

Ⅱ级　有机质含量为 20.01～25.0 克/千克，面积为 1.6 万亩，占总耕地面积的 2.67％。主要分布在峨口镇、滩上镇、新高乡、峪口乡、阳明堡镇、上馆镇的洪积扇、沟谷、一级阶地、二级阶地上，土壤类型主要是褐土，主要作物有玉米、高粱、谷子等。

Ⅲ级　有机质含量为 15.01～20.0 克/千克，面积为 12.2 万亩，占总耕地面积的 20.34％。主要分布在全县 11 个乡（镇）的一级、二级阶地、河漫滩、洪积扇上，土壤类型主要是褐土和潮土，主要作物有玉米、水稻、高粱、马铃薯、谷子等。

Ⅳ级　有机质含量为 10.01～15.0 克/千克，面积为 40.56 万亩，占总耕地面积的 67.6％。分布在全县 11 个乡（镇）；主要作物有玉米、高粱、马铃薯、谷子、果树等。

Ⅴ级　有机质含量为 5.01～10.0 克/千克，面积为 5.5 万亩，占总耕地面积的 9.17％。分布在胡峪乡、磨坊乡、聂营镇、上馆镇、滩上镇、新高乡、雁门关乡等乡（镇）的二级阶地、沟谷地、高阶地上，主要作物有玉米、果树、药材等。

有机质分级面积见表 3-41。

表 3-41　代县耕地土壤大量元素分级面积

类别	Ⅰ		Ⅱ		Ⅲ		Ⅳ		Ⅴ		Ⅵ	
	百分比（％）	面积（万亩）	百分比（％）	面积（万亩）	百分比（％）	面积（万亩）	百分比（％）	面积（万亩）	百分比（％）	面积（万亩）	百分比（％）	面积（万亩）
有机质	0.22	0.13	2.67	1.60	20.34	12.20	67.60	40.56	9.17	5.50	0	0
全氮	0.04	0.02	0.38	0.23	4.54	2.73	27.84	16.70	61.58	36.95	5.62	3.37
有效磷	1.28	0.77	3.75	2.25	13.68	8.21	34.12	20.47	46.27	27.76	0.90	0.54
速效钾	0.38	0.23	0.83	0.50	5.85	3.51	57.83	34.70	35.11	21.06	0	0
缓效钾	0.01	0.008	7.76	4.66	91.10	54.66	1.13	0.68	0	0	0	0

(二) 全氮

Ⅰ级　全氮量大于 1.5 克/千克，面积为 0.02 万亩，占总耕地面积的 0.04％。分布在峨口镇、聂营镇、滩上镇、磨坊乡的洪积扇上、二级阶地、梁地上，主要土壤为褐土。

Ⅱ级　全氮含量为 1.201～1.50 克/千克，面积为 0.23 万亩，占总耕地面积的 0.38％。分布在峨口镇、聂营镇、上馆镇、滩上镇、新高乡、阳明堡镇、峪口乡的洪积扇上、一级阶地、二级阶地、沟谷地上，主要土壤类型为褐土。

Ⅲ级　全氮含量为 1.001～1.2 克/千克，面积为 2.73 万亩，占总耕地面积的 4.54％。分布在峨口镇、聂营镇、上馆镇、滩上镇、新高乡、阳明堡镇、峪口乡的洪积扇上、一级阶地、沟谷地上，主要土壤类型为褐土和潮土。

Ⅳ级　全氮含量为 0.701～1.000 克/千克，面积为 16.7 万亩，占总耕地面积的 27.84％。分布在代县所有乡（镇），主要土壤类型为潮土、褐土、栗褐土、水稻土。

Ⅴ级　全氮含量为 0.501～0.700 克/千克，面积为 36.95 万亩，占总耕地面积的 61.58％。分布在代县各乡（镇），主要土壤类型为潮土、褐土、栗褐土、水稻土。

Ⅵ级　全氮含量小于 0.500 克/千克，面积为 3.37 万亩，占总耕地面积 5.26％。分布在胡峪乡、磨坊乡、聂营镇、上馆镇、滩上镇、新高乡、雁门关乡等乡（镇）的二级阶地、沟谷地、高阶地上，主要土壤类型为潮土、褐土。

全氮分级面积见表 3-41。

（三）有效磷

Ⅰ级　有效磷含量大于 25.00 毫克/千克。全县面积 0.77 万亩，占总耕地面积的 1.28％。分布在峨口镇、胡峪乡、聂营镇、滩上镇、磨坊乡、新高乡、峪口乡、枣林镇的洪积扇上、一级阶地、二级阶地、沟谷地上，主要土壤为褐土和潮土。

Ⅱ级　有效磷含量在 20.1～25.00 毫克/千克。全县面积 2.25 万亩，占总耕地面积的 3.75％。分布在峨口镇、滩上镇、磨坊乡、新高乡、峪口乡、枣林镇的洪积扇上、一级阶地、二级阶地、沟谷地上，主要土壤为褐土和潮土。

Ⅲ级　有效磷含量在 15.1～20.0 毫克/千克。全县面积 8.21 万亩，占总耕地面积的 13.68％。分布在峨口镇、滩上镇、磨坊乡、新高乡、上馆镇、阳明堡镇、峪口乡、枣林镇的洪积扇上、一级阶地、二级阶地、沟谷地上，主要土壤为褐土和潮土。

Ⅳ级　有效磷含量在 10.1～15.0 毫克/千克。全县面积 20.47 万亩，占总耕地面积的 34.12％。分布在全县 11 个乡（镇），主要土壤类型为褐土、潮土、栗褐土、水稻土。

Ⅴ级　有效磷含量在 5.1～10.0 毫克/千克。全县面积 27.76 亩，占总耕地面积的 46.27％。分布在全县 11 个乡（镇），主要土壤为褐土和潮土、栗褐土。

Ⅵ级　有效磷含量小于 5.0 毫克/千克，全县面积 0.54 万亩，占总耕地面积的 0.90％。分布在枣林镇、新高乡、雁门关乡、胡峪乡的二级阶地、沟谷地上，主要土壤类型为褐土。

有效磷分级面积见表 3-41。

（四）速效钾

Ⅰ级　速效钾含量大于 250 毫克/千克。全县面积 0.23 万亩，占总耕地面积的 0.38％。分布在聂营镇、滩上镇、阳明堡镇的一级阶地、沟谷地上，主要土壤类型为褐土和潮土。

Ⅱ级　速效钾含量在 201～250 毫克/千克，全县面积 0.50 万亩，占总耕地面积的 0.83％。分布在聂营镇、滩上镇、峪口乡的沟谷地、一级阶地上，主要土壤类型为潮土和褐土。

Ⅲ级　速效钾含量在 151～200 毫克/千克，全县面积 3.51 万亩，占总耕地面积的 5.85％。分布在峨口镇、新高乡、聂营镇、磨坊乡、峪口乡的沟谷地、二级阶地、洪积扇上，主要土壤类型为潮土和褐土。

Ⅳ级　速效钾含量在 101～150 毫克/千克，全县面积 34.7 万亩，占总耕地面积的 57.83％。分布在全县各乡（镇），主要土壤类型为潮土、褐土、栗褐土、水稻土。

Ⅴ级　速效钾含量在 51～100 毫克/千克，全县面积 21.06 万亩，占总耕地面积的

35.11%。分布在全县各乡（镇），主要土壤类型为潮土、褐土、栗褐土、水稻土。

速效钾分级面积见表 3-41。

（五）缓效钾

Ⅰ级　缓效钾含量大于 1 200 毫克/千克，全县面积 0.008 万亩，占总耕地面积的 0.01%。分布在磨坊乡、雁门关乡梁地、沟谷地上，主要土壤类型为褐土和栗褐土。

Ⅱ级　缓效钾含量在 901~1 200 毫克/千克，全县面积 4.66 万亩，占总耕地面积的 7.76%。分布在峨口镇、磨坊乡、峪口乡、聂营镇的洪积扇、二级阶地上，主要土壤类型为褐土。

Ⅲ级　缓效钾含量在 601~900 毫克/千克，全县面积 54.66 万亩，占总耕地面积的 91.1%，分布在全县各乡（镇）。

Ⅳ级　缓效钾含量在 351~600 毫克/千克，全县面积 0.68 万亩，占总耕地面积的 1.13%。分布在上馆镇、新高乡的洪积扇下，主要土壤类型为褐土。

缓效钾分级面积见表 3-41。

第三节　中量元素

中量元素背景值的表达方式以各统计单元养分汇总结果的算术平均值和标准差来表示。用符号 S 表示，表示单位为毫克/千克。

由于有效硫目前全国范围内仅有酸性土壤临界值，而全县土壤属石灰性土壤，没有临界值标准。因而只能根据养分含量的具体情况进行级别划分，分 6 个级别。

一、含量与分布

全县土壤有效硫变化范围为 4.02~325.19 毫克/千克，平均值为 23.89 毫克/千克，属省四级水平。见表 3-42、图 3-6。

表 3-42　代县耕地土壤中量元素硫分类统计结果

单位：毫克/千克

类　　别		有效硫	
		平均值	区域值
行政区域	上馆镇	17.43	9.15~83.37
	阳明堡镇	42.35	10.29~325.19
	峨口镇	30.89	11.43~73.39
	聂营镇	18.61	8.58~63.41
	枣林镇	16.04	7.44~83.37
	滩上镇	19.51	9.15~63.41
	新高乡	28.85	4.02~193.34
	峪口乡	27.86	8.01~96.67
	磨坊乡	14.45	7.44~93.35
	胡峪乡	14.64	9.72~30.08
	雁门关乡	15.93	10.29~33.40

（续）

类　别		有效硫	
		平均值	区域值
土壤类型	褐土	19.94	6.87~262.65
	栗褐土	15.88	11.43~28.42
	潮土	59.00	11.43~325.19
	水稻土	34.87	12.00~96.67
地形部位	冲、洪积扇前缘	16.41	9.72~31.74
	沟谷地	16.81	4.02~140.06
	河流冲积平原的河漫滩	59.34	12.00~231.37
	河流阶地	18.58	6.87~63.41
	河流一级、二级阶地	32.86	7.44~325.19
	洪积扇上部	22.55	7.44~146.72
	黄土垣、梁	16.28	9.15~35.06

（1）不同行政区域：阳明堡镇最高，平均值为 42.35 毫克/千克；其次是峨口镇，平均值为 30.89 毫克/千克；最低是磨坊乡，平均值为 14.45 毫克/千克。

（2）不同地形部位：河流冲积平原的河漫滩最高，平均值为 59.34 毫克/千克；其次是河流一级、二级阶地，平均值为 32.86 毫克/千克；最低是黄土垣、梁，平均值为 16.28 毫克/千克。

（3）不同土壤类型：潮土最高，平均值为 59.00 毫克/千克；最低是栗褐土，平均值为 15.88 毫克/千克。

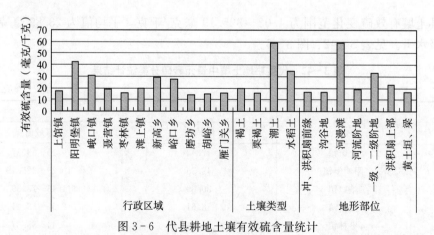

图 3-6　代县耕地土壤有效硫含量统计

二、分级论述

有效硫（表 3-43）

Ⅰ级　有效硫含量大于 200 毫克/千克，全县面积为 0.50 万亩，占总耕地面积的

0.83％。主要分布在阳明堡镇的一级阶地上，主要土壤类型为潮土。

Ⅱ级　有效硫含量在 100.1～200.0 毫克/千克，全县面积为 1.66 万亩，占总耕地面积的 2.76％。主要分布在新高乡、阳明堡镇、峪口乡的一级阶地上，主要土壤类型为潮土。

Ⅲ级　有效硫含量 50.1～100.0 毫克/千克，全县面积为 4.66 万亩，占总耕地面积的 7.77％。分布在峨口镇、新高乡、阳明堡镇的一级阶地、河漫滩上，主要土壤类型为潮土。

Ⅳ级　有效硫含量在 25.1～50.0 毫克/千克，全县面积为 8.91 万亩，占总耕地面积的 14.85％。分布在峨口镇、磨坊乡、新高乡、阳明堡镇、峪口乡的二级阶地、一级阶地、洪积扇上，主要土壤类型为褐土和潮土。

Ⅴ级　有效硫含量 12.1～25.0 毫克/千克，全县面积为 39.24 万亩，占总耕地面积的 65.41％。分布在全县各乡（镇）。

Ⅵ级　有效硫含量小于等于 12.0 毫克/千克，全县面积为 5.02 万亩，占总耕地面积的 8.37％。分布在全县二级阶地、洪积扇下，主要土壤类型为褐土。

表 3 - 43　代县耕地土壤中量元素分级面积

类别	Ⅰ		Ⅱ		Ⅲ		Ⅳ		Ⅴ		Ⅵ	
	百分比（％）	面积（万亩）	百分比（％）	面积（万亩）	百分比（％）	面积（万亩）	百分比（％）	面积（万亩）	百分比（％）	面积（万亩）	百分比（％）	面积（万亩）
有效硫	0.83	0.50	2.76	1.66	7.77	4.66	14.85	8.91	65.41	39.24	8.37	5.02

第四节　微量元素

土壤微量元素背景值的表达方式以各统计单元养分汇总结果的算术平均值和标准差来表示，分别以单位 Cu、Zn、Mn、Fe、B 表示。表示单位为毫克/千克。

土壤微量元素参照全省第二次土壤普查的标准，结合全县土壤养分含量状况重新进行划分，各分 6 个级别。

一、含量与分布

（一）有效铜

全县土壤有效铜含量变化范围为 0.51～6.19 毫克/千克，平均值 1.38 毫克/千克，属省三级水平。见表 3-44、图 3-7。

（1）不同行政区域：峨口镇平均值最高，为 2.27 毫克/千克；其次是滩上镇，平均值为 2.00 毫克/千克；阳明堡镇最低，平均值为 1.02 毫克/千克。

（2）不同地形部位：河流冲积平原的河漫滩最高，平均值 1.75 毫克/千克；最低是冲、洪积扇前缘，平均值为 1.14 毫克/千克。

（3）不同土壤类型：水稻土最高，平均值 1.66 毫克/千克；最低是栗褐土，平均值为 1.26 毫克/千克。

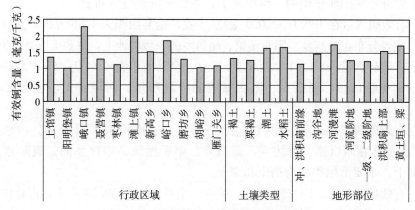

图 3-7 代县耕地土壤有效铜含量统计

(二) 有效锌

全县土壤有效锌含量变化范围为 0.27～6.46 毫克/千克，平均值为 1.31 毫克/千克，属省三级水平。见表 3-44、图 3-8。

（1）不同行政区域：聂营镇平均值最高，为 1.74 毫克/千克；其次是新高乡，平均值为 1.70 毫克/千克；最低是雁门关乡，平均值为 0.86 毫克/千克。

（2）不同地形部位：黄土垣、梁最高，平均值为 1.86 毫克/千克；其次是河流阶地，平均值为 1.68 毫克/千克；最低是冲、洪积扇前缘，平均值为 1.12 毫克/千克。

（3）不同土壤类型：水稻土最高，平均值为 1.43 毫克/千克；最低是栗褐土和褐土，平均值为 1.27 毫克/千克。

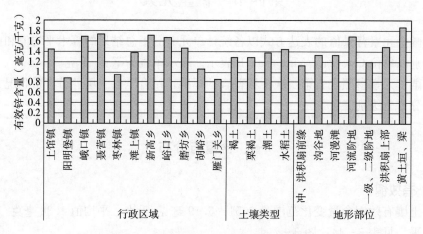

图 3-8 代县耕地土壤有效锌含量统计

(三) 有效锰

全县土壤有效锰含量变化范围为 3.63～30.87 毫克/千克，平均值为 10.13 毫克/千克，属省四级水平。见表 3-44、图 3-9。

（1）不同行政区域：滩上镇平均值最高，为 12.18 毫克/千克；其次是峨口镇，平均值为 11.84 毫克/千克；最低是枣林镇，平均值为 8.31 毫克/千克。

表 3-44 代县耕地土壤微量元素分类统计结果

单位：毫克/千克

类 别		有效铜		有效锰		有效锌		有效铁		有效硼	
		平均值	区域值	平均值	区域值	平均值	区域值	平均值	区域值	平均值	区域值
行政区域	上馆镇	1.34	0.61~2.85	9.08	4.54~16.01	1.43	0.61~4.00	7.41	3.84~13.67	0.48	0.33~0.97
	阳明堡镇	1.02	0.54~2.29	9.31	6.34~16.67	0.87	0.27~2.01	5.82	3.17~12.34	0.60	0.27~2.21
	峨口镇	2.27	0.90~3.68	11.84	7.01~16.67	1.69	0.74~3.50	12.14	6.01~18.67	0.61	0.31~1.34
	聂营镇	1.29	0.61~2.85	11.12	5.68~30.87	1.74	0.77~6.46	9.24	4.67~31.05	0.42	0.17~0.67
	枣林镇	1.13	0.67~2.85	8.31	3.63~13.00	0.94	0.47~1.81	5.93	3.17~11.34	0.50	0.29~1.04
	滩上镇	2.00	1.04~6.19	12.18	6.34~21.34	1.38	0.58~6.21	11.84	6.67~28.84	0.52	0.18~0.94
	新高乡	1.53	0.80~3.96	10.61	5.68~16.34	1.70	0.80~3.50	8.61	5.34~27.37	0.49	0.14~1.51
	峪口乡	1.84	0.80~4.24	11.52	7.67~20.68	1.66	0.93~2.70	8.82	5.00~16.34	0.59	0.25~1.30
	磨坊乡	1.28	0.64~2.85	10.41	5.00~18.00	1.46	0.50~4.98	7.76	3.67~24.43	0.49	0.27~0.90
	胡峪乡	1.04	0.51~1.54	9.28	3.78~15.00	1.06	0.46~2.70	7.08	3.17~15.00	0.46	0.33~0.71
	雁门关乡	1.09	0.71~2.29	10.59	7.01~20.00	0.86	0.34~2.70	7.64	4.67~28.11	0.48	0.25~0.87
土壤类型	褐土	1.31	0.51~6.19	9.98	3.78~21.34	1.27	0.34~6.46	7.48	3.17~28.84	0.50	0.18~2.20
	栗褐土	1.26	0.61~1.67	10.45	4.39~13.67	1.27	0.58~2.70	11.60	4.83~28.11	0.42	0.33~0.61
	潮土	1.63	0.84~3.96	10.14	6.34~15.68	1.37	0.27~3.26	8.89	3.34~21.48	0.69	0.33~2.21
	水稻土	1.66	0.67~3.12	10.32	3.63~15.00	1.43	0.54~3.50	8.88	3.17~19.67	0.59	0.42~1.21
地形部位	冲、洪积扇前缘	1.14	0.71~2.29	9.20	5.68~16.01	1.12	0.58~2.70	6.81	3.84~13.67	0.49	0.35~0.87
	沟谷地	1.46	0.51~6.19	10.70	3.78~26.67	1.33	0.34~6.46	8.63	3.17~28.84	0.48	0.14~1.30
	河流冲积平原的河漫滩	1.75	0.67~2.85	10.12	3.63~13.67	1.32	0.49~2.21	9.23	3.17~19.67	0.67	0.40~1.40
	河流阶地	1.26	0.80~1.90	9.93	7.67~13.67	1.68	1.17~2.90	8.02	5.34~10.34	0.41	0.20~0.77
	河流一级、二级阶地	1.23	0.54~3.96	9.26	4.39~17.67	1.19	0.27~4.00	6.77	3.17~21.48	0.56	0.27~2.21
	洪积扇上部	1.54	0.77~4.24	10.68	7.01~20.68	1.48	0.61~4.24	8.48	4.50~18.67	0.52	0.21~1.51
	黄土垣、梁	1.70	1.24~2.85	13.89	8.34~30.87	1.86	0.47~5.97	15.66	8.67~31.05	0.44	0.17~0.67

（2）不同地形部位：黄土垣、梁最高，平均值为 13.89 毫克/千克；其次是沟谷地，平均值为 10.70 毫克/千克；最低是冲、洪积扇前缘，平均值为 9.2 毫克/千克。

（3）不同土壤类型：栗褐土最高，平均值为 10.45 毫克/千克；最低是褐土，平均值为 9.98 毫克/千克。

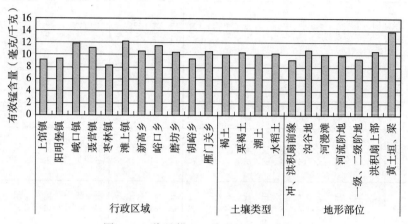

图 3-9 代县耕地土壤有效锰含量统计

（四）有效铁

全县土壤有效铁含量变化范围为 3.17～31.05 毫克/千克，平均值为 7.94 毫克/千克，属省四级水平。见表 3-44、图 3-10。

（1）不同行政区域：峨口镇平均值最高，为 12.14 毫克/千克；其次是滩上镇，平均值为 11.84 毫克/千克；最低是阳明堡镇，平均值为 5.82 毫克/千克。

（2）不同地形部位：黄土垣、梁最高，平均值为 15.66 毫克/千克；其次是河流冲积平原的河漫滩，平均值为 9.23 毫克/千克；最低是河流一级、二级阶地，平均值为 6.77 毫克/千克。

（3）不同土壤类型：栗褐土最高，平均值为 11.6 毫克/千克；最低是褐土，平均值为 7.48 毫克/千克。

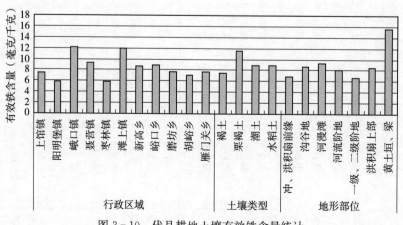

图 3-10 代县耕地土壤有效铁含量统计

（五）有效硼

全县土壤有效硼含量变化范围为0.14~2.21毫克/千克，平均值为0.52毫克/千克，属省四级水平。见表3-44、图3-11。

（1）不同行政区域：峨口镇平均值最高，为0.61毫克/千克；其次是阳明堡镇，平均值为0.60毫克/千克；最低是聂营镇，平均值为0.42毫克/千克。

（2）不同地形部位：河流冲积平原的河漫滩平均值最高，为0.67毫克/千克；其次是河流一级、二级阶地，平均值为0.56毫克/千克；最低是河流阶地，平均值为0.41毫克/千克。

（3）不同土壤类型：潮土最高，平均值为0.69毫克/千克；最低是栗褐土，平均值为0.42毫克/千克。

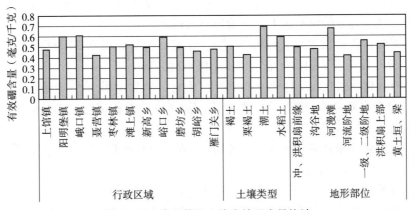

图3-11 代县耕地土壤有效硼含量统计

二、分级论述

代县耕地土壤微量元素分级，见表3-45。

表3-45 代县耕地土壤微量元素分级面积

类别	Ⅰ		Ⅱ		Ⅲ		Ⅳ		Ⅴ		Ⅵ	
	百分比（%）	面积（万亩）	百分比（%）	面积（万亩）	百分比（%）	面积（万亩）	百分比（%）	面积（万亩）	百分比（%）	面积（万亩）	百分比（%）	面积（万亩）
有效铜	10.71	6.420	19.91	11.94	50.65	30.39	18.74	11.24	0	0	0	0
有效锌	0.66	0.400	28.27	16.96	41.04	24.62	29.42	17.65	0.60	0.36	0.02	0.01
有效铁	0.63	0.380	2.53	1.52	15.86	9.52	73.96	44.38	7.02	4.21	0	0
有效锰	0.01	0.007	0.14	0.08	5.08	3.05	94.48	56.68	0.29	0.18	0	0
有效硼	0.06	0.040	0.46	0.28	3.18	1.91	37.90	22.74	58.34	35.0	0.07	0.04

（一）有效铜

Ⅰ级 有效铜含量大于2.00毫克/千克，全县面积6.42万亩，占总耕地面积的10.71%。分布在峨口镇、上馆镇、滩上镇、峪口乡、新高乡的沟谷、洪积扇上、一级阶地、二级阶地和河漫滩上，主要土壤类型为潮土、褐土、水稻土。

Ⅱ级 有效铜含量 1.51～2.00 毫克/千克，全县面积 11.94 万亩，占总耕地面积的 19.91%。分布在磨坊乡、聂营镇、上馆镇、滩上镇、枣林镇的二级阶地、沟谷、洪积扇上、一级阶地，主要土壤类型为潮土、褐土。

Ⅲ级 有效铜含量在 1.01～1.50 毫克/千克，全县面积 30.39 万亩，占总耕地面积的 50.65%。分布在全县各乡（镇）。

Ⅳ级 有效铜含量为 0.51～1.00 毫克/千克，全县面积 11.24 万亩，占总耕地面积的 18.74%。分布在上馆镇、枣林镇、新高乡、阳明堡镇、雁门关乡的二级阶地、沟谷地，主要土壤类型为褐土。

（二）有效锰

Ⅰ级 有效锰含量在大于 30 毫克/千克，全县面积 0.007 万亩，占总耕地面积的 0.01%。分布在峪口乡的洪积扇上，土壤类型为褐土。

Ⅱ级 有效锰含量在 20.01～30.00 毫克/千克，全县面积 0.08 万亩，占总耕地面积的 0.14%。分布在聂营镇的沟谷地，主要土壤类型为褐土。

Ⅲ级 有效锰含量在 15.01～20.00 毫克/千克，全县面积 3.05 万亩，占总耕地面积的 5.08%。分布在峨口镇、磨坊乡、滩上镇、新高乡的洪积扇上、二级阶地上，主要土壤类型为褐土。

Ⅳ级 有效锰含量在 5.01～15.01 毫克/千克，全县面积 56.68 万亩，占总耕地面积的 94.48%。分布在全县各乡（镇）。

Ⅴ级 有效锰含量在 1.01～5.00 毫克/千克，全县面积 0.18 万亩，占总耕地面积的 0.29%。分布在枣林镇、阳明堡镇、新高乡、上馆镇的二级阶地、洪积扇上，主要土壤类型为褐土。

（三）有效锌

Ⅰ级 有效锌含量大于 3.00 毫克/千克，全县面积 0.4 万亩，占总耕地面积的 0.66%。分布在磨坊乡、聂营镇、新高乡的二级阶地、洪积扇上、一级阶地，主要土壤类型为褐土。

Ⅱ级 有效锌含量在 1.51～3.00 毫克/千克，全县面积 16.96 万亩，占总耕地面积的 28.27%。分布在峨口镇、聂营镇、上馆镇、磨坊乡、新高乡、峪口乡的洪积扇上、二级阶地、一级阶地，主要土壤类型为褐土和潮土。

Ⅲ级 有效锌含量在 1.01～1.50 毫克/千克，全县面积 24.62 万亩，占总耕地面积的 41.04%。分布在全县各乡（镇）。

Ⅳ级 有效锌含量在 0.51～1.00 毫克/千克，全县分布面积 17.65 万亩，占总耕地面积的 29.42%。全县各乡（镇）均有分布。

Ⅴ级 有效锌含量在 0.31～0.5 毫克/千克，全县分布面积 0.36 万亩，占总耕地面积的 0.6%。分布在雁门关乡、阳明堡镇、枣林镇的二级阶地、一级阶地，主要土壤类型为褐土。

Ⅵ级 有效锌含量小于等于 0.30 毫克/千克，全县面积 0.01 万亩，占总耕地面积的 0.02%。分布在阳明堡镇的一级阶地，土壤类型为潮土。

（四）有效铁

Ⅰ级　有效铁含量大于 20.00 毫克/千克，全县面积 0.38 万亩，占总耕地面积的 0.63%。分布在新高乡、聂营镇、滩上镇的洪积扇上，主要土壤类型为褐土。

Ⅱ级　有效铁含量在 15.01~20.00 毫克/千克，全县面积 1.52 万亩，占总耕地面积的 2.53%。分布在峨口镇、新高乡、滩上镇的洪积扇上和沟谷地，主要土壤类型为褐土。

Ⅲ级　有效铁含量在 10.01~15.00 毫克/千克，全县面积 9.52 万亩，占总耕地面积的 15.86%。分布在峨口镇、磨坊乡、聂营镇、滩上镇、阳明堡镇的二级阶地、沟谷地、洪积扇上，主要土壤类型为褐土。

Ⅳ级　有效铁含量为 5.01~10.00 毫克/千克，全县面积 44.38 万亩，占总耕面积的 73.96%。分布在全县各乡（镇）。

Ⅴ级　有效铁含量在 2.51~5.00 毫克/千克，全县面积 4.21 万亩，占总耕地面积的 7.02%。分布在胡峪乡、磨坊乡、上馆镇、峪口镇、枣林镇的洪积扇、一级阶地、二级阶地、沟谷地，主要土壤类型为褐土。

（五）有效硼

Ⅰ级　有效硼含量大于 2.00 毫克/千克，全县面积 0.04 万亩，占总耕地面积的 0.06%。主要分布在阳明堡镇的一级阶地，土壤类型为潮土。

Ⅱ级　有效硼含量在 1.51~2.00 毫克/千克，全县面积 0.28 万亩，占总耕地面积的 0.46%。主要分布在阳明堡镇、上馆镇的一级阶地，土壤类型为潮土。

Ⅲ级　有效硼含量在 1.01~1.50 毫克/千克，全县面积 1.91 万亩，占总耕地面积的 3.18%。分布在峨口镇、新高乡、峪口乡、阳明堡镇的洪积扇上、一级阶地，土壤类型为褐土和潮土。

Ⅳ级　有效硼含量在 0.51~1.00 毫克/千克，全县面积 22.74 万亩，占总耕地面积的 37.90%。全县各乡（镇）均有分布。

Ⅴ级　有效硼含量在 0.21~0.50 毫克/千克，全县面积 35 万亩，占总耕地面积的 58.34%。分布在全县各乡（镇）。

Ⅵ级　有效硼含量小于等于 0.20 毫克/千克，全县面积 0.04 万亩，占总耕地面积的 0.07%。主要分布在聂营镇、新高乡的沟谷地，土壤类型为褐土。

第五节　其他理化性状

一、土壤 pH

　　土壤 pH 是指土壤溶液中氢离子浓度，是土壤酸碱程度的反映。土壤酸碱性是土壤的一个重要特性，也是影响土壤肥力和植物生长的一个重要因素。土壤过酸或过碱都不利于有益微生物的活动，从而妨碍土壤养分的转化及其有效性。同时，也会使土壤结构破坏，物理特性变劣，甚至产生有毒物质。总之，土壤酸碱反应对土壤肥力、植物营养状况及其他方面都会产生深刻的影响。因此，在生产中注意改良、调节土壤的酸碱度，做好因土种植，对提高土地的生产力有着明显的作用。

全县耕地土壤 pH 变化范围为 7.24～8.65，平均值为 8.12。见表 3-46、图 3-12。

(1) 不同行政区域：胡峪乡 pH 平均值最高，为 8.16；其次是枣林镇，pH 平均值为 8.14；雁门关乡 pH 平均值最低，为 8.00。

(2) 不同地形部位：冲洪积扇前缘 pH 平均值最高，为 8.13；其次是河流一级、二级阶地，pH 平均值为 8.12；黄土垣、梁 pH 平均值最低，为 8.02。

(3) 不同土壤类型：潮土最高，pH 平均值为 8.10；栗褐土 pH 最低，为 7.99。

在土壤剖面中 pH 的垂直分布情况一般是表土层较低，心土层和底土层略高，这种现象是和表层有机质含量较高及淋溶作用有关的。

表 3-46　代县耕地土壤 pH 分类统计结果

类　别		pH
行政区域	上馆镇	8.12
	阳明堡镇	8.09
	峨口镇	8.03
	聂营镇	8.03
	枣林镇	8.14
	滩上镇	8.08
	新高乡	8.08
	峪口乡	8.04
	磨坊乡	8.11
	胡峪乡	8.16
	雁门关乡	8.00
土壤类型	褐土	8.09
	栗褐土	7.99
	潮土	8.10
	水稻土	8.05
地形部位	冲、洪积扇前缘	8.13
	沟谷地	8.07
	河流冲积平原的河漫滩	8.11
	河流阶地	8.10
	河流一级、二级阶地	8.12
	洪积扇上部	8.05
	黄土垣、梁	8.02

各种作物对土壤酸碱度都有一定的适应范围，代县土壤一般呈微碱性，对作物生长没有什么不良影响，但微碱性土壤能降低土壤中磷酸盐的有效性，使其形成磷酸钙沉淀。为此，施磷肥时，要充分沤制，以减少土壤对磷素的固定，使肥效提高。

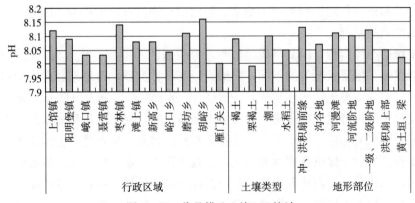

图 3-12 代县耕地土壤 pH 统计

二、耕层质地

土壤质地是土壤的重要物理性质之一，不同的质地对土壤肥力高低、耕性好坏、生产性能的优劣具有很大影响。见表 3-47。

土壤质地也称土壤机械组成，指不同粒径在土壤中占有的比例组合。根据卡庆斯基质地分类，粒径大于 0.01 毫米为物理性沙粒，小于 0.01 毫米为物理性黏粒。根据其沙黏含量及其比例，主要可分为沙土、沙壤、轻壤、中壤、重壤、黏土 6 级。

代县耕层土壤质地主要为沙壤、轻壤、中壤。全县轻壤面积居首位，占到全县总面积的 83.57%，其中轻壤（俗称绵土）物理性沙粒大于 55%，物理性黏粒小于 45%，沙黏适中，大小孔隙比例适当，通透性好，保水保肥，养分含量丰富，有机质分解快，供肥性好，耕作方便，通耕期早，耕作质量好，发小苗也发老苗。因此，一般壤质土，水、肥、气、热比较协调，从质地上看，是农业上较为理想的土壤。

沙壤土占全县耕地地总面积的 5.05%，其物理性沙粒高达 80% 以上，土质较沙，疏松易耕，粒间孔隙度大，通透性好，但保水保肥性能差，抗旱力弱，供肥性差，前劲强后劲弱，发小苗不发老苗。

中壤土占全县耕地总面积的 11.38%。

表 3-47 代县土壤耕层质地概况

质地类型	耕种土壤（亩）	占耕种土壤（%）
沙壤土	30 325.61	5.05
轻壤土	501 388.30	83.57
中壤土	68 256.50	11.38
合计	599 970.41	100

三、土体构型

土体构型是指整个土体各层次质地排列组合情况。它对土壤水、肥、气、热等各个肥力因素有制约和调节作用，特别对土壤水、肥储藏与流失有较大影响。因此，良好的土体构型是土壤肥力的基础。

全县土壤的土体构型，因其母质类型和发育程度的不同而变化较大。按其土层厚度、上下层质地组成、松紧状况等的不同，归纳为以下3种类型，薄层型、通体型和夹层型。

薄层型　这一类型土壤土体很薄，一般仅50厘米左右。分为山地薄层和河滩薄层两种类型。发育于残积母质上的土壤，大多属山地薄层型，河滩薄层型分布在河流或较大的河谷两侧靠近河床的部位。薄层土下就是沙砾石层。其共同特点是，土体浅薄，多夹有数量不等的砾石、岩屑，保供水肥能力均差，土温变化大，水、肥、气、热等因素之间的关系不够协调。山地薄层土农业利用极少，只需保护自然植被，防止土壤的侵蚀发展；对于河滩薄层土可采用人工堆垫、冲淤或放洪淤积等措施，使其不断增厚土层，仍可使之变为优良的农田。

通体型　即全剖面上下质地较为均一，在全县也可分为两种类型。其一为通体壤质型，发育在黄土及黄土状物质上的土壤多属此类型。其特点为土体深厚，土性软绵，上下质地均匀。除有不太明显的犁底层外，一般层次分化不明显，保供水肥能力较好，土温变化不大，水、肥、气、热诸因素之间的关系较为协调。可采取深耕打破犁底层的办法，充分发挥这种构型的优点。其二是通体沙质型，主要是发育在冲积、洪积及部分黄土状母质上的土壤。其特点是层次分化不明显，整个土体都属沙质土壤。可采取掺黏增施有机肥料等措施，逐步改变其不良性状。

夹层型　即土体中各层质地悬殊，松紧有异。主要分布于河流的一级阶地或海坪地上。发育于洪积、冲积及淤积母质类型上的土壤多属此种类型。其特点是土体中沙黏交替，层次十分明显，质地变化颇大。因沙黏出现的部位及厚度不同，对土壤肥力的影响差异也很大。一般说，这种土壤的构型不利于通气透水、养分转化及作物根系的生长发育。但"蒙金"型（上沙下黏）土壤则是保水保肥，能协调诸肥力因素之间关系的一种良好构型。在改良利用上应深耕，使沙黏层混合。但对于具有"蒙金"构型的土壤，在深耕或搞农田基本建设中都不应打破下面的黏质层，以防漏水漏肥。

四、土壤容重及孔隙度

全县耕作层土壤容重为 $1.0 \sim 1.4$ 克/厘米^3，对多数作物来说，土壤容重在 $1.0 \sim 1.3$ 克/厘米^3 之间较为适宜，故全县土壤容重较为理想。但是，造成耕作层土壤容重较低的原因并不是因为全县土壤含有较多的有机质（实际含量较差），而是由于全县耕作土壤主要发育在黄土及黄土状母质上。而黄土母质具有疏松、多孔、容重较低（一般在 $1.25 \sim 1.35$ 克/厘米^3）的特点。

全县土壤孔隙度的变幅为 $30\% \sim 60\%$，而适宜的土壤孔隙度为 $50\% \sim 60\%$。全县耕作层土壤孔隙度为 $47\% \sim 60\%$，是比较适宜的。对于个别容重偏高或偏低的土壤，今后可采取客土调剂以及增施有机肥的办法加以改善，使土壤有较适宜的"三相比"（固、液、气）。

五、土壤结构

构成土壤骨架的矿物质颗粒，在土壤中并非彼此孤立、毫无相关的堆积在一起，而往往是受各种作物胶结成形状不同、大小不等的团聚体。各种团聚体和单粒在土壤中的排列方式称为土壤结构。

土壤结构是土体构造的一个重要形态特征。它关系着土壤水、肥、气、热状况的协调，土壤微生物的活动、土壤耕性和作物根系的伸展，是影响土壤肥力的重要因素。

全县山地土壤由于有机质含量高，主要为团粒结构，粒径为 0.25～10 毫米，由腐殖质为成型动力胶结而成。团粒结构是良好的土壤结构类型，可协调土壤的水、肥、气、热状况。

全县耕作土壤的有机质含量偏低，土壤结构主要以土壤中碳酸钙胶结为主，水稳性团粒结构为 20%～40%。

代县土壤的不良结构主要有：

1. 板结　全县耕作土壤灌水或降水后表层板结现象较普遍。板结形成的原因是细黏粒含量较高，有机质含量少所致。板结是土壤不良结构的表现，它可加速土壤水分蒸发、土壤紧实，影响幼苗出土生长以及土壤的通气性能。改良办法应增加土壤有机质，雨后或浇灌后及时中耕破板，以利土壤疏松通气。

2. 坷垃　坷垃是在质地黏重的土壤上易产生的不良结构。坷垃多时，由于相互支撑，增大孔隙透风跑墒，促进土壤蒸发，并影响播种质量，造成露籽或压苗，或形成吊根，妨碍根系穿插。改良办法首先大量施用有机肥料和掺杂沙改良黏重土壤，其次应掌握宜耕期，及时进行耕耙，使其粉碎。

土壤结构是影响土壤孔隙状况、容重、持水能力、土壤养分等的重要因素，因此，创造和改善良好的土壤结构是农业生产上夺取高产稳产的重要措施。

第六节　耕地土壤属性综述与养分动态变化

一、耕地土壤属性综述

2009—2011 年，土壤测定结果表明，耕地土壤有机质平均含量为 13.16 克/千克，范围 5～31.43 克/千克，属省四级水平；全氮平均含量为 0.71 克/千克，范围 0.25～1.70 克/千克，属省四级水平；有效磷平均含量为 11.13 毫克/千克，范围 3.28～36.17 毫克/千克，属省四级水平；速效钾平均含量为 111.83 毫克/千克，范围 57.53～366.57 毫克/千克，属省四级水平；缓效钾平均含量为 792.67 毫克/千克，范围 492.32～1 329.71 毫克/千克，属省三级水平；有效铁平均含量为 7.94 毫克/千克，范围 3.17～31.05 毫克/千克，属省四级水平；有效锰平均值为 10.13 毫克/千克，范围 3.63～30.87 毫克/千克，属省四级水平；有效铜平均含量为 1.38 毫克/千克，范围 0.51～6.19 毫克/千克，属省三级水平；有效锌平均含量为 1.31 毫克/千克，范围 0.27～6.46 毫克/千克，属省三级水平；

有效硼平均含量为 0.52 毫克/千克，范围 0.14～2.21 毫克/千克，属省四级水平；有效硫平均含量为 23.89 毫克/千克，范围 4.02～325.19 毫克/千克，属省四级水平；pH 平均值为 8.12，范围 7.24～8.65。

代县耕地土壤养分统计结果见表 3-48。

表 3-48　代县耕地土壤养分总体统计结果

项目名称	单位	点位数	最大值	最小值	平均值	标准差	变异系数
pH	—	4 095	8.65	7.24	8.12	0.10	1.22
有机质	克/千克	4 093	31.43	5.00	13.16	3.07	23.35
全氮	克/千克	2 454	1.70	0.25	0.71	0.16	22.43
有效磷	毫克/千克	4 093	36.17	3.28	11.13	4.50	40.44
缓效钾	毫克/千克	4 095	1 329.71	492.32	792.67	84.22	10.62
速效钾	毫克/千克	4 095	366.57	57.53	111.83	28.41	25.40
有效铁	毫克/千克	1 219	31.05	3.17	7.94	2.88	36.29
有效锰	毫克/千克	1 219	30.87	3.63	10.13	2.22	21.87
有效铜	毫克/千克	1 219	6.19	0.51	1.38	0.51	36.67
有效锌	毫克/千克	1 219	6.46	0.27	1.31	0.52	39.75
有效硼	毫克/千克	1 218	2.21	0.14	0.52	0.17	33.62
有效硫	毫克/千克	1 219	325.19	4.02	23.89	25.27	105.74

二、有机质及大量元素的演变

随着农业生产的发展及施肥、耕作经营管理水平的变化，耕地土壤有机质及大量元素也随之变化。与 1982 年全国第二次土壤普查时的耕层养分测定结果相比，土壤有机质平均含量 13.16 克/千克，属省四级水平，比第二次土壤普查 11.94 克/千克增加了 1.22 克/千克；全氮平均含量 0.71 克/千克，属省四级水平，比第二次土壤普查 0.67 克/千克增加了 0.04 克/千克；有效磷平均含量 11.13 毫克/千克，属省四级水平，比第二次土壤普查 5.89 毫克/千克增加了 5.24 毫克/千克；速效钾平均含量 111.83 毫克/千克，属省四级水平，比第二次土壤普查 95.5 毫克/千克增加了 16.33 毫克/千克。见表 3-49、图 3-13。

表 3-49　代县耕地土壤养分动态变化

项目		总体变化状况	土壤类型（土类）			
			栗褐土	褐土	潮土	水稻土
有机质（克/千克）	1982 年普查	11.94	23.60	12.50	7.07	4.57
	2011 年调查	13.16	15.07	12.86	13.45	14.72
	增减	+1.22	-8.53	+0.36	+6.38	+10.15

（续）

项目		总体变化状况	土壤类型（土类）			
			栗褐土	褐土	潮土	水稻土
全氮 （克/千克）	1982 年普查	0.67	1.10	0.69	0.60	0.30
	2011 年调查	0.71	0.81	0.70	0.71	0.79
	增减	+0.04	−0.29	+0.01	+0.11	+0.49
有效磷 （毫克/千克）	1982 年普查	5.89	4.90	6.60	7.86	4.20
	2011 年调查	11.13	14.40	10.56	13.01	13.91
	增减	+5.24	+9.50	+3.96	+5.15	+9.71
速效钾 （毫克/千克）	1982 年普查	95.50	107.00	95.00	98.00	82.00
	2011 年调查	111.83	159.36	108.06	109.10	120.21
	增减	+16.33	+52.36	+13.06	+11.1	+38.21

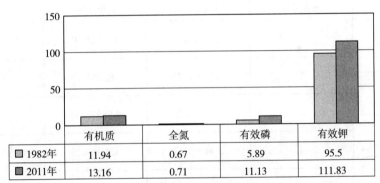

	有机质	全氮	有效磷	有效钾
1982年	11.94	0.67	5.89	95.5
2011年	13.16	0.71	11.13	111.83

图 3-13　代县耕地土壤养分动态变化图

第四章 耕地地力评价

第一节 耕地地力分级

一、面积统计

代县耕地面积 59.997 万亩，其中水浇地 20 万亩，占耕地面积的 33.3%；旱地约 40 万亩，占耕地面积的 66.7%。按照地力等级划分指标，通过对 13 127 个评价单元 IFI 值的计算，对照分级标准，确定每个评价单元的地力等级，汇总结果见表 4-1。

表 4-1 代县耕地地力等级统计表

国家等级	地方等级	评价指数	面积（亩）	比例（%）
4	1	0.75~0.88	121 726.95	20.29
5				
6	2	0.70~0.75	80 181.84	13.36
	3	0.57~0.70	118 828.44	19.81
7	4	0.46~0.57	151 994.94	25.33
8				
9	5	0.44~0.46	77 522.71	12.92
10	6	0.36~0.44	49 715.53	8.29
合计	—	—	599 970.41	100

二、地域分布

代县耕地主要分布在一级阶地、二级阶地和河流两侧的河漫滩、交叉洼地以及洪积扇前缘、缓坡丘陵、沟谷等地带。

第二节 耕地地力等级分布

一、一 级 地

（一）面积和分布

本级耕地主要分布在沿滹沱河两岸的二级阶地及峨口镇、峪口乡的洪积扇前缘。面积为 121 726.95 亩，占全县总耕地面积的 20.29％。

（二）主要属性分析

本级耕地具有一定的排灌设施和抗旱能力，其土体深厚，耕性良好，质地适中，构型较好；保水、保肥，水、气、热和抗旱能力协调。成土母质主要为洪积、冲积母质和黄土状母质。耕层质地主要为轻壤土。土体构型多为通体型。所处地形平坦，气候温和，水流充足，人口集中、耕作精细，土壤肥力较高，地下水位浅，园田化水平高，pH 的变化范围为 7.71～8.65，平均值为 8.14。适种作物广，旱涝保收，稳产高产，基本无障碍因子，是全县的最佳土壤，一般亩产 700 千克以上。

本级耕地土壤有机质平均含量为 12.88 克/千克，属省四级水平，最大值为 23.68 克/千克，最小值为 7.68 克/千克；全氮平均含量为 0.69 克/千克，属省五级水平，最大值1.70 克/千克，最小值为 0.37 克/千克；有效磷平均含量为 11.33 毫克/千克，属省四级水平，最大值为 33.95 毫克/千克，最小值为 3.49 毫克/千克；速效钾平均含量为 106.01毫克/千克，属省四级水平，最大值为 267.51 毫克/千克，最小值为 67.34 毫克/千克；缓效钾平均含量为 784 毫克/千克，属省三级水平，最大值为 1 060 毫克/千克，最小值为552 毫克/千克；有效硫平均含量为 41.42 毫克/千克，属省四级水平，最大值 325.19 毫克/千克，最小值为 7.44 毫克/千克；有效锰平均含量为 9.59 毫克/千克，属省四级水平，最大值为 16.01 毫克/千克，最小值为 3.63 毫克/千克；有效硼平均含量为 0.61 毫克/千克，属省四级水平，最大值为 2.21 毫克/千克，最小值为 0.29 毫克/千克；有效铜平均含量为 1.29 毫克/千克，属省三级水平，最大值为 2.85 毫克/千克，最小值为 0.61 毫克/千克；有效锌平均含量为 1.25 毫克/千克，属省三级水平，最大值为 3.75 毫克/千克，最小值为 0.27 毫克/千克；有效铁平均含量为 7.1 毫克/千克，属省四级水平，最大值为 19.33毫克/千克，最小值为 3.17 毫克/千克。见表 4 - 2。

表4-2　一级地土壤养分统计表

单位：克/千克、毫克/千克

项目	平均值	最大值	最小值	标准差	变异系数
有机质	12.88	23.68	7.68	2.15	16.68
全氮	0.69	1.70	0.37	0.12	17.29
有效磷	11.33	33.95	3.49	3.74	32.99
速效钾	106.01	267.51	67.34	20.54	19.37
缓效钾	784	1 060	552	85.03	10.85
pH	8.14	8.65	7.71	0.08	1.01
有效硫	41.42	325.19	7.44	47.38	114.39
有效锰	9.59	16.01	3.63	1.83	19.14
有效硼	0.61	2.21	0.29	0.29	48.26
有效铜	1.29	2.85	0.61	0.37	28.46
有效锌	1.25	3.75	0.27	0.48	38.36
有效铁	7.10	19.33	3.17	2.01	28.30

该级耕地农作物生产水平较高。从农户调查表来看，玉米平均亩产 700 千克左右，是代县玉米主产区和蔬菜生产基地。

（三）主要存在问题

一是土壤肥力与高产高效的需求仍不适应，需培肥地力。二是由于过度开采地下水，地下水位下降。三是化肥施用量不断提升，有机肥施用量不足，引起土壤板结和肥料利用率下降。四是尽管国家有一系列的种粮政策，但最近几年农资价格的飞速猛涨，农民的种粮积极性严重受挫，对土壤进行掠夺式经营，农作物管理上改精耕细作为粗放式管理。

（四）合理利用

本级耕地在利用上应增施有机肥，科学施肥，进一步培肥地力；大力发展设施农业，加快蔬菜、玉米生产发展，建设绿色、有机蔬菜、玉米生产基地，发展高效产业。

二、二 级 地

（一）面积和分布

该类土壤分布在滹沱河两岸的一级阶地上，面积 80 181.84 亩，占总耕地面积的 13.36%。

（二）主要属性分析

所处地势低平，气候温和，水流充足，具有一定的抗旱能力；土质较细，土体潮湿，土壤通透性差，地温低，地下水位较浅，矿化度高，易受涝和次生盐渍化的威胁。成土母质为冲积母质。耕层质地为轻壤土。土体构型多为夹层型。pH 的变化范围为 7.87～8.34，平均值为 8.10。

本级耕地土壤有机质平均含量为 15.01 克/千克，属省三级水平，最大值为 24.34 克/千克，最小值为 7.68 克/千克；全氮平均含量为 0.80 克/千克，属省四级水平，最大值为 1.22 克/千克，最小值为 0.44 克/千克；有效磷平均含量为 14.73 毫克/千克，属省四级水平，最大值为 35.06 毫克/千克，最小值为 5 毫克/千克；速效钾平均含量为 112.15 毫克/千克，属省四级水平，最大值为 196.74 毫克/千克，最小值为 57.53 毫克/千克；缓效钾平均含量为 810 毫克/千克，属省三级水平，最大值为 1 021 毫克/千克，最小值为 588 毫克/千克；有效硫平均含量为 28.6 毫克/千克，属省四级水平，最大值为 231.37 毫克/千克，最小值为 8.01 毫克/千克；有效锰平均含量为 10.33 毫克/千克，属省四级水平，最大值为 17.67 毫克/千克，最小值为 5.68 毫克/千克；有效硼平均含量为 0.58 毫克/千克，属省四级水平，最大值为 1.30 毫克/千克，最小值为 0.27 毫克/千克；有效铜平均含量为 1.63 毫克/千克，属省二级水平，最大值为 4.24 毫克/千克，最小值为 0.67 毫克/千克；有效锌平均含量为 1.5 毫克/千克，属省三级水平，最大值为 4.00 毫克/千克，最小值为 0.49 毫克/千克；有效铁平均含量为 8.52 毫克/千克，属省四级水平，最大值为 19.33 毫克/千克，最小值为 3.51 毫克/千克。见表 4-3。

本级耕地所在区域，耕种条件较好，主要作物为玉米和水稻，亩产 500～600 千克。

表4-3 二级地土壤养分统计表

单位：克/千克、毫克/千克

项目	平均值	最大值	最小值	标准差	变异系数
有机质	15.01	24.34	7.68	3.55	23.66
全氮	0.80	1.22	0.44	0.16	20.21
有效磷	14.73	35.06	5.00	5.95	40.39
速效钾	112.15	196.74	57.53	24.71	22.04
缓效钾	810	1 021	588	94.11	11.61
pH	8.10	8.34	7.87	0.07	0.92
有效硫	28.60	231.37	8.01	19.10	66.79
有效锰	10.33	17.67	5.68	2.13	20.60
有效硼	0.58	1.30	0.27	0.16	28.40
有效铜	1.63	4.24	0.67	0.71	43.25
有效锌	1.50	4.00	0.49	0.60	39.71
有效铁	8.52	19.33	3.51	3.13	36.70

（三）主要存在问题

土体潮湿，土壤通透性差，地温低，地下水位较浅，矿化度高，易受涝和次生盐渍化的威胁。

（四）合理利用

地膜覆盖，使用土壤改良剂，增施有机肥，科学施肥。

三、三 级 地

（一）面积与分布

该类土壤分布在滹沱河两岸的二级阶地上，洪积扇及沟谷平地上。面积118 828.44亩，占全县总耕地面积的19.81%。

（二）主要属性分析

本级耕地土类主要是褐土，成土母质为黄土状母质。所处地形平坦，侵蚀较轻，熟化程度较差，耕种颇细，有一定的灌溉设施。土壤质地为轻壤和沙壤。土体构型主要为通体型。pH为7.63～8.57，平均值为8.12。

本级耕地土壤有机质平均含量为13.27克/千克，属省四级水平，最大值为24.34克/千克，最小值为6.01克/千克；全氮平均含量为0.72克/千克，属省四级水平，最大值为1.26克/千克，最小值为0.40克/千克；有效磷平均含量为11.2毫克/千克，属省四级水平，最大值为35.06毫克/千克，最小值为4.57毫克/千克；速效钾平均含量为106.90毫克/千克，属省四级水平，最大值为207.53毫克/千克，最小值为64.07毫克/千克；缓效钾平均含量为806毫克/千克，属省三级水平，最大值为1 304毫克/千克，最小值为

492 毫克/千克；有效硫平均含量为 24.67 毫克/千克，属省五级水平，最大值为 231.37 毫克/千克，最小值为 7.44 毫克/千克；有效锰平均含量为 10.19 毫克/千克，属省四级水平，最大值为 20.68 毫克/千克，最小值为 5.68 毫克/千克；有效硼平均含量为 0.52 毫克/千克，属省四级水平，最大值为 1.54 毫克/千克，最小值为 0.21 毫克/千克；有效铜平均含量为 1.48 毫克/千克，属省三级水平，最大值为 3.96 毫克/千克，最小值为 0.67 毫克/千克；有效锌平均含量为 1.39 毫克/千克，属省三级水平，最大值为 4.24 毫克/千克，最小值为 0.47 毫克/千克；有效铁平均含量为 8.31 毫克/千克，属省四级水平，最大值为 23.69 毫克/千克，最小值为 3.34 毫克/千克。见表 4 - 4。

表 4 - 4　三级地土壤养分统计表

单位：克/千克、毫克/千克

项目	平均值	最大值	最小值	标准差	变异系数
有机质	13.27	24.34	6.01	2.68	20.18
全氮	0.72	1.26	0.40	0.13	18.63
有效磷	11.22	35.06	4.57	4.04	35.96
速效钾	106.90	207.53	64.07	24.20	22.63
缓效钾	806	1 304	492	86.17	10.69
pH	8.12	8.57	7.63	0.10	1.17
有效硫	24.67	231.37	7.44	22.15	89.80
有效锰	10.19	20.68	5.68	1.90	18.61
有效硼	0.52	1.54	0.21	0.14	27.81
有效铜	1.48	3.96	0.67	0.54	36.74
有效锌	1.39	4.24	0.47	0.45	32.56
有效铁	8.31	23.69	3.34	2.48	29.84

本级耕地所在区域，种植作物主要为玉米和果树。玉米亩产 400～500 千克。

(三) 主要存在问题

梯田没有得到合理改良，坡耕地水土流失严重，土壤保水保肥能力差，易受干旱、洪涝灾害。

(四) 合理利用

增施有机肥，实施秸秆粉碎还田，科学施肥，培肥地力。因地制宜发展高效农业。

四、四 级 地

(一) 面积与分布

该类土壤分布在滹沱河两岸的一级阶地上，面积 151 994.94 亩，占全县总耕地面积的 25.33%。

(二) 主要属性分析

本级耕地所处地区气候温和，地势低平；土壤水分多，排水不良，地下水位浅，矿化度高，有不同程度的盐碱危害。其土体构型为夹层型，耕层土壤质地有沙壤、轻壤等，成土母质为河流冲积物。土质差，构型不佳，土体潮湿，通透性差，地温低，微生物活动受抑，养分释放慢，耕性较差，适种作物较少。pH 为 7.24～8.42，平均值为 8.12。

本级耕地土壤有机质平均含量为 13.68 克/千克，属省四级水平，最大值为 31.43 克/千克，最小值为 5.00 克/千克；全氮平均含量为 0.72 克/千克，属省四级水平，最大值为 1.57 克/千克，最小值为 0.25 克/千克；有效磷平均含量为 11.66 毫克/千克，属省四级水平，最大值为 36.17 毫克/千克，最小值为 3.28 毫克/千克；速效钾平均含量为 124.64 毫克/千克，属省四级水平，最大值为 366.57 毫克/千克，最小值为 64.07 毫克/千克；缓效钾平均含量为 796 毫克/千克，属省三级水平，最大值为 1 330 毫克/千克，最小值为 564 毫克/千克；有效硫平均含量为 19.31 毫克/千克，属省五级水平，最大值为 180.02 毫克/千克，最小值为 6.30 毫克/千克；有效锰平均含量为 10.55 毫克/千克，属省四级水平，最大值为 30.87 毫克/千克，最小值为 4.39 毫克/千克；有效硼平均含量为 0.49 毫克/千克，属省五级水平，最大值为 1.40 毫克/千克，最小值为 0.17 毫克/千克；有效铜平均含量为 1.41 毫克/千克，属省三级水平，最大值为 6.19 毫克/千克，最小值为 0.54 毫克/千克；有效锌平均含量为 1.34 毫克/千克，属省三级水平，最大值为 6.46 毫克/千克，最小值为 0.46 毫克/千克；有效铁平均含量为 8.63 毫克/千克，属省四级水平，最大值为 31.05 毫克/千克，最小值为 3.51 毫克/千克。见表 4-5。

表 4-5 四级地土壤养分统计表

单位：克/千克、毫克/千克

项目	平均值	最大值	最小值	标准差	变异系数
有机质	13.68	31.43	5.00	3.49	25.53
全氮	0.72	1.57	0.25	0.18	24.44
有效磷	11.66	36.17	3.28	4.63	39.70
速效钾	124.64	366.57	64.07	37.91	30.42
缓效钾	796	1 330	564	84.22	10.58
pH	8.12	8.42	7.24	0.10	1.29
有效硫	19.31	180.02	6.30	13.12	67.96
有效锰	10.55	30.87	4.39	2.65	25.14
有效硼	0.49	1.40	0.17	0.11	23.28
有效铜	1.41	6.19	0.54	0.52	36.53
有效锌	1.34	6.46	0.46	0.56	42.03
有效铁	8.63	31.05	3.51	3.53	40.85

该级耕地种植作物主要有豆类、向日葵等。

（三）主要存在问题

排水不良，地温低，有盐碱危害，适种作物少。

（四）合理利用

改良土壤，培肥地力，推广测土配方施肥，加强农田水利建设，建成稳产田。

五、五级地

（一）面积与分布

本级耕地分布在高阶地、洪积扇以及丘陵沟谷地带。面积 77 522.71 亩，占全县总耕地面积的 12.92%。

（二）主要属性分析

本级耕地所处气候温和，地形平缓，地多人少，耕种粗放；土体干旱，肥源不足。其母质为洪积母质和黄土状母质，土体构型为薄层型和通体型。pH 为 7.56～8.34，平均值为 8.13。

本级耕地土壤有机质平均含量为 11.24 克/千克，属省四级水平，最大值为 19.68 克/千克，最小值为 6.68 克/千克；全氮平均含量为 0.60 克/千克，属省五级水平，最大值为 1.09 克/千克，最小值为 0.32 克/千克；有效磷平均含量为 8.55 毫克/千克，属省五级水平，最大值为 20.10 毫克/千克，最小值为 3.49 毫克/千克；速效钾平均含量为 105.65 毫克/千克，属省四级水平，最大值为 190.20 毫克/千克，最小值为 77.14 毫克/千克；缓效钾平均含量为 773 毫克/千克，属省三级水平，最大值为 1 060 毫克/千克，最小值为 564 毫克/千克；有效硫平均含量为 15.20 毫克/千克，属省五级水平，最大值为 140.06 毫克/千克，最小值为 4.02 毫克/千克；有效锰平均含量为 9.54 毫克/千克，属省四级水平，最大值为 20.00 毫克/千克，最小值为 3.78 毫克/千克；有效硼平均含量为 0.46 毫克/千克，属省五级水平，最大值为 0.77 毫克/千克，最小值为 0.14 毫克/千克；有效铜平均含量为 1.23 毫克/千克，属省三级水平，最大值为 3.68 毫克/千克，最小值为 0.51 毫克/千克；有效锌平均含量为 1.12 毫克/千克，属省三级水平，最大值为 4.24 毫克/千克，最小值为 0.34 毫克/千克；有效铁平均含量为 7.16 毫克/千克，属省四级水平，最大值为 27.37 毫克/千克，最小值为 3.17 毫克/千克。见表 4-6。

表 4-6　五级地土壤养分统计表

单位：克/千克、毫克/千克

项目	平均值	最大值	最小值	标准差	变异系数
有机质	11.24	19.68	6.68	2.08	18.46
全氮	0.60	1.09	0.32	0.12	19.91
有效磷	8.55	20.10	3.49	2.27	26.53
速效钾	105.65	190.20	77.14	17.18	16.26
缓效钾	773	1 060	564	71.12	9.20
pH	8.13	8.34	7.56	0.10	1.23
有效硫	15.20	140.06	4.02	10.47	68.90
有效锰	9.54	20.00	3.78	2.21	23.18
有效硼	0.46	0.77	0.14	0.10	21.04

（续）

项目	平均值	最大值	最小值	标准差	变异系数
有效铜	1.23	3.68	0.51	0.38	31.41
有效锌	1.12	4.24	0.34	0.43	38.90
有效铁	7.16	27.37	3.17	2.51	35.05

该级耕地多为一年一作，种植马铃薯、谷子、莜麦等作物。

（三）主要存在问题

干旱缺水，肥力状况差，坡耕地水土流失严重。

（四）合理利用

整修梯田，防蚀保土，推广测土配方施肥，培肥并熟化土壤，建设高产基本农田，坡耕地进行坡改梯，适量发展高产高效农业。

六、六 级 地

（一）面积与分布

本级耕地分布在全县山区乡（镇），面积 49 715.53 亩，占全县总耕地面积的 8.29%。

（二）主要属性分析

本级耕地母质为残积—坡积物，所处地势较高，坡度较大，侵蚀严重，跑水跑肥；气候冷凉，无霜期短，极易受旱、冻灾威胁。作物生长受到限制，只能种一些生育期短的作物；地多人少，耕种粗放，施肥、耕种管理等很不方便；土体浅薄，土体中含有程度不同的砾石。这类土壤限制因素较多，发展农业潜力不大。pH 为 7.63～8.26，平均值为 8.05。

本级耕地土壤有机质平均含量为 12.71 克/千克，属省四级水平，最大值为 20.0 克/千克，最小值为 6.68 克/千克；全氮平均含量为 0.71 克/千克，属省四级水平，最大值为 1.09 克/千克，最小值为 0.37 克/千克；有效磷平均含量为 8.6 毫克/千克，属省五级水平，最大值为 17.74 毫克/千克，最小值为 3.92 毫克/千克；速效钾平均含量为 100.52 毫克/千克，属省四级水平，最大值为 140.20 毫克/千克，最小值为 73.87 毫克/千克；缓效钾平均含量为 781 毫克/千克，属省三级水平，最大值为 1 080 毫克/千克，最小值为 621 毫克/千克；有效硫平均含量为 15.13 毫克/千克，属省五级水平，最大值为 146.72 毫克/千克，最小值为 7.44 毫克/千克；有效锰平均含量为 10.41 毫克/千克，属省四级水平，最大值为 15.34 毫克/千克，最小值为 7.01 毫克/千克；有效硼平均含量为 0.44 毫克/千克，属省五级水平，最大值为 1.51 毫克/千克，最小值为 0.25 毫克/千克；有效铜平均含量为 1.21 毫克/千克，属省三级水平，最大值为 2.85 毫克/千克，最小值为 0.77 毫克/千克；有效锌平均含量为 1.23 毫克/千克，属省三级水平，最大值为 3.26 毫克/千克，最小值为 0.35 毫克/千克；有效铁平均含量为 7.04 毫克/千克，属省四级水平，最大值为 22.22 毫克/千克，最小值为 4.67 毫克/千克。见表 4-7。

该级耕地多为一年一作，种植马铃薯、莜麦、胡麻等作物。

表 4 - 7　六级地土壤养分统计表

单位：克/千克、毫克/千克

项目	平均值	最大值	最小值	标准差	变异系数
有机质	12.71	20.00	6.68	2.48	19.50
全氮	0.71	1.09	0.37	0.16	22.46
有效磷	8.60	17.74	3.92	2.32	27.00
速效钾	100.52	140.20	73.87	14.16	14.09
缓效钾	781	1 080	621	75.33	9.65
pH	8.05	8.26	7.63	0.11	1.35
有效硫	15.13	146.72	7.44	5.20	34.34
有效锰	10.41	15.34	7.01	1.41	13.57
有效硼	0.44	1.51	0.25	0.10	22.37
有效铜	1.21	2.85	0.77	0.21	17.54
有效锌	1.23	3.26	0.35	0.45	36.88
有效铁	7.04	22.22	4.67	1.66	23.55

（三）主要存在问题

干旱缺水，肥力状况差，耕层浅，水土流失严重。

（四）合理利用

发展坡改梯田，防蚀保土，推广测土配方施肥，培肥并熟化土壤，建设高产农田。

第五章　中低产田类型分布及改良利用

第一节　中低产田类型及分布

中低产田是指存在各种制约农业生产的土壤障碍因素，产量相对低而不稳定的耕地。

通过对全县耕地地力状况的调查，根据土壤主导障碍因素的改良主攻方向，依据中华人民共和国农业部发布的行业标准 NY/T 310—1996，引用忻州市耕地地力等级划分标准，结合实际进行分析，代县中低产田包括以下 5 个类型：坡地梯改型、瘠薄培肥型、干旱灌溉型、盐碱耕地型、障碍层次型。中低产田面积为 428 277.18 亩，占总耕地面积的 71.38%。各类型面积情况统计见表 5 - 1。

表 5 - 1　代县中低产田各类型面积情况统计表

类　型	面积（亩）	占总耕地面积（%）	占中低产田面积（%）
干旱灌溉型	113 788.11	18.97	26.57
瘠薄培肥型	114 193.00	19.03	26.66
坡地梯改型	124 808.08	20.80	29.14
盐碱耕地型	31 091.16	5.18	7.26
障碍层次型	44 396.83	7.40	10.37
合计	428 277.18	71.38	100

一、坡地梯改型

坡地梯改型是指主导障碍因素为土壤侵蚀，以及与其相关的地形、地面坡度、土体厚度、土体构型与物质组成、耕作熟化层厚度等，需要通过修筑梯田、梯埂等田间水保工程加以改良治理的坡耕地。

代县坡地梯改型中低产田面积为 124 808.08 亩，占总耕地面积的 20.8%。

二、瘠薄培肥型

瘠薄培肥型是指受气候、地形等条件限制，造成干旱、缺水、土壤养分含量低、理化形状不良、投肥不足、产量低于当地高产农田，只能通过连年深耕、培肥土壤、改革耕作制度，推广旱作农业技术等长期性的措施逐步加以改良的耕地。

全县瘠薄培肥型中低产田面积 114 193 亩，占总耕地面积的 19.03%。

三、干旱灌溉型

干旱灌溉型是指由于气候条件造成的降雨不足或季节性分配不均，又缺少必要的蓄水手段，以及地形、土壤性状等方面的原因，造成的保水蓄水能力的缺陷，不能满足作物正常生长所需的水分需求，但又具备水资源开发条件，可以通过发展灌溉加以改良的耕地。

代县灌溉改良型中低产田面积 113 788.11 亩，占总耕地面积的 18.97%。

四、盐碱耕地型

盐碱耕地型是由于耕层或 1 米土体内可溶性盐分含量和碱化度超过限量，影响农作物正常生长的多种盐碱化耕地。障碍程度和改良难易取决于地形条件、土体构型、耕层质地、含盐量、碱化度、地下水临界深度及矿化度等。其改良主攻方向为工程洗压、排盐及通过耕作、生物措施改善土壤理化性状，加速脱盐和防止盐分上升。

代县盐碱耕地型中低产田面积 31 091.16 亩，占总耕地面积的 5.18%。

五、障碍层次型

障碍层次型是土壤剖面构型上有严重缺陷的耕地，如耕层薄、质地过沙过黏、土体构型有沙层、砾石层、黏盘层、料姜层等障碍层次。障碍程度与改良难易取决于上述障碍层次的物质组成、厚度、出现部位等，其改良因地制宜，逐步清除或改善。

代县障碍层次型中低产田面积 44 396.83 亩，占总耕地面积的 7.40%。

第二节 生产性能及存在问题

一、坡地梯改型

该类型区地形坡度≥8°，以中度至重度侵蚀为主。全为坡耕地，分布于山前丘陵和山前洪积扇一带，土壤类型为褐土，土壤母质为黄土及黄土状母质。耕层质地为轻壤，质地构型有通体型，有效土层厚度>150 厘米，耕层厚度 0～15 厘米。存在的主要问题是土质粗劣，水土流失比较严重，土体发育微弱，土壤干旱瘠薄。见表 5-2。

表 5-2 坡地梯改型障碍程度指标

	地形部位	山前丘陵和山前洪积扇
生态环境	地面坡度	≥8°
	土壤侵蚀	中度至重度
	梯田化水平	坡耕地

（续）

土壤条件	土壤类型	褐土
	剖面构型	ABC 型、AC 型
灌溉条件		无
耕层厚度（厘米）		0～15
耕层质地		轻壤
熟制		一年一熟
折年单产玉米（千克/亩）		400 以下

二、瘠薄培肥型

该类型区域土壤有不同程度侵蚀，为旱耕地。水平梯田和缓坡梯田居多，土壤类型是褐土，各种地形、各种质地均有，有效土层厚度＞150 厘米，耕层厚度 0～20 厘米，耕层养分含量有机质为 5～10 克/千克，全氮 0.4～0.8 克/千克，有效磷 3～10 毫克/千克，速效钾 80～150 毫克/千克。存在的主要问题是田面不平，水土轻度流失，干旱缺水，土质粗劣，肥力较差。见表 5－3。

表 5－3　瘠薄培肥型障碍程度指标

生态环境	地形部位	缓坡地、洪积扇顶部
	地面坡度	3°～15°
	土壤侵蚀	轻度至重度
	梯田化水平	梯田、坡耕地
灌溉条件		年浇 0～2 次
熟化层厚度（厘米）		＜30
耕层土壤理化性状	耕层厚度（厘米）	0～20
	耕层质地	壤土
	有机质（克/千克）	5～10
	全氮（克/千克）	0.4～0.8
	有效磷（毫克/千克）	3～10
	速效钾（毫克/千克）	80～150
产量水平	熟制	一年一熟
	折年单产玉米（千克/亩）	100～400

三、干旱灌溉型

土壤耕性良好，表土层多为轻壤，宜耕期长，保水保肥性能较好。土壤类型为褐土，土壤母质为黄土及黄土状物质，地形坡度 3°～10°。园田化水平较高，有效土层厚度＞150

厘米。耕层厚度20厘米。主要问题是干旱缺水，水利条件差，灌溉率＜60％，施肥水平低，管理粗放，产量不高。见表5-4。

表5-4 干旱灌溉型障碍程度指标

生态环境	地形部位	滹沱河二级阶地
	地类名称	坡地、梯田
	地面坡度	3°～10°
土壤类型		褐土
灌溉条件	水源	深井、浅井
	保浇程度	无
	浇灌潜力	打深井，完善田间工程平整土地
产量水平	耕作熟制	一年一熟
	折年单产玉米（千克/亩）	100～400

四、盐碱耕地型

分布在滹沱河两岸的一级阶地上，土壤水分多，排水不良，地下水位浅，矿化度高，有不同程度的盐碱危害。地形坡度0～5°，其土体构型以夹层型为主，土壤类型为潮土和盐土，耕层土壤质地有沙壤、轻壤等，成土母质为河流冲积物。土体潮湿，通透性差，地温低，耕层厚度0～20厘米。

主要问题是排水不良，地温低，有盐碱危害，适种作物少。

表5-5 盐碱耕地障碍程度指标

生态环境	地形部位	山前洼地、滹沱河两侧
	地类名称	平川、滩地、洼地
	地面坡度	0～5°
土壤条件	土壤类型	潮土、盐土
	剖面构型	均质或夹沙、夹黏
	1米土体内含盐量（％）	0.1～1.0
	地下水位（米）	1～3
	地下水矿化度（克/升）	0.5～6
	耕层厚度（厘米）	0～20
	耕层质地	壤土
	耕作熟制	一年一熟
	折年单产玉米（千克/亩）	100～400

五、障碍层次型

分布在河漫滩、山前丘陵和洪积扇中上部一带，地形坡度 5°～15°。其土体构型以夹层型为主，土壤类型主要为褐土，耕层土壤质地主要为轻壤和沙壤，成土母质为河流冲积物，障碍因素为沙姜层、盐沙层、沙砾层。见表 5-6。

主要问题是耕层浅，质地变化大。

表 5-6　障碍层次型障碍程度指标

生态环境		地形部位	河漫滩、山前丘陵、洪积扇中上部		
		地面坡度	5°～15°		
		土壤侵蚀	轻度至重度		
土壤条件		土壤类型	褐土		
	障碍因素	类型	沙、沙姜层	沙姜层、盐沙层	沙砾层
		深度（厘米）	＞50	30～50	＜30
		厚度（厘米）	＞20	20～50	＞30
灌溉条件			年浇1～2次	无	
耕层质地			沙质壤—沙质黏壤	沙质壤—粉沙质壤	壤质沙
耕作熟制			一年一熟		
折年单产玉米（千克/亩）			100～400		
			200～300		
			100～200		
			＜100		

第三节　改良利用措施

代县中低产田面积42.8万亩，占现有耕地71.38%，严重影响全县农业生产的发展和农业经济效益，应因地制宜地进行改良。

总体上讲，中低产田的改良、耕作、培肥是一项长期而艰巨的任务。通过工程、生物、农艺、化学等综合措施，消除或减轻中低产田土壤限制农业产量提高的各种障碍因素，提高耕地基础地力，其中耕作培肥对中低产田的改良效果是极其显著的。具体措施如下：

1. 施有机肥　增施有机肥，增加土壤有机质含量，改善土壤理化性状并为作物生长提供部分营养物质。据调查，有机肥的施用量达到每年2 000～3 000千克/亩，连续施用3年，可获得理想效果。主要通过秸秆还田和施用堆肥厩肥、人粪尿及禽畜粪便来实现。

2. 校正施肥　依据当地土壤实际情况和作物需肥规律选用合理配比，有效控制化肥不合理施用对土壤性状的影响，达到提高农产品品质的目的。

（1）巧施氮肥：速效性氮肥极易分解，通常施入土壤中的氮素化肥的利用率只有25%～50%，或者更低。这说明施入土壤中的氮素，挥发渗漏损失严重。所以在施用氮素化肥时一定注意施肥方法、施肥量和施肥时期，提高氮肥利用率，减少损失。

（2）重施磷肥：本区地处黄土高原，属石灰性土壤。土壤中的磷常被固定，而不能发挥肥效。加上部分群众重氮轻磷，作物吸收的磷得不到及时补充。试验证明，在缺磷土壤上增施磷肥增产效果明显。可以增施人粪尿与骡马粪堆沤肥，其中的有机酸和腐殖酸能促进非水溶性磷的溶解，提高磷素的活力。

（3）因地施用钾肥：本区土壤中钾的含量虽然在短期内不会成为限制农业生产的主要因素，但随着农业生产进一步发展和作物产量的不断提高，土壤中的有效钾的含量也会处于不足状态，所在生产中，应定期监测土壤中钾的动态变化，及时补充钾素。

（4）重视施用微肥：作物对微量元素肥料需要量虽然很小，但能提高产品产量和品质，有其他大量元素不可替代的作用。据调查，全县土壤硼、锌、锰、铁等含量均不高，近年来玉米施锌试验，增产效果均很明显。

（5）因地施用土壤改良剂：在盐碱地和新修梯田施用硫酸亚铁土壤改良剂，减轻盐碱危害，加速生土熟化。

然而，不同的中低产田类型有其自身的特点，在改良利用中应针对这些特点，采取相应的措施，现分述如下：

一、坡地梯改型中低产田的改良利用

代县坡地梯改型技术规范见表 5 - 7。

表 5 - 7 代县坡地梯改型技术规范

改良措施		改良指标				
梯田工程		坡度（°）	机耕条件	梯田面宽（米）	梯田距（米）	梯田埂占地（%）
		8～10	大型拖拉机	15	1～1.5	2～5
		10～15	中型拖拉机	10	1.5～2	5～8
		>15	畜力或小型拖拉机	<5	>2	8～11
增加梯田土层及耕作熟化层厚度		高标准：土层厚>100 厘米，耕作熟化层厚>25 厘米				
		一般标准：土层厚>80 厘米，耕作熟化层厚>20 厘米				
		低标准：土层厚>50 厘米，耕作熟化层厚>15 厘米				
林带植被建设		林、草作物总植被覆盖>80%				
耕作培肥	深翻	3 年内深耕 2～3 次，加深耕层 3～5 厘米，耕作熟化层达到>15 厘米				
	种植制度	粮肥（绿肥）、粮油（葵花、胡麻）、粮豆（大豆）轮作，连续 3～5 年				
	秸秆还田	还田量或面积>50%，连续 3～5 年				
	增施有机肥	2 000～3 000 千克/亩，连续 3 年				
	校正施肥	普钙 40～75 千克/亩，连续 3 年，硫酸钾 5～10 千克/亩，连续 3 年				
	地膜覆盖	玉米、高粱、谷子等可采用地膜覆盖				
	生物覆盖	采用半耕半覆盖、全耕全覆盖、秸秆与地膜二元双覆盖				

1. 梯田工程 此类地形区的深厚黄土层为修建水平梯田创造了条件。梯田可以减少坡长，使地面平整，变降水的坡面径流为垂直入渗，防止水土流失，增强土壤水分储备和抗旱能力。可采用缓坡修梯田，陡坡种林草，增加地面覆盖度。

2. 增加梯田土层及耕作熟化层厚度 新建梯田的土层厚度相对较薄，耕作熟化程度较低。梯田土层厚度及耕作熟化层厚度的增加是这类田地改良的关键。梯田土层厚度的一般标准为：土层厚大于80厘米，耕作熟化层大于20厘米，有条件的应达到土层厚大于100厘米，耕作熟化层厚度大于25厘米。

3. 农、林、牧业并重 此类耕地今后的利用方向应是农、林、牧业并重，因地制宜，全面发展。此类耕地应发展种草、植树，扩大林地和草地面积，促进养殖业发展，将生态效益和经济效益结合起来，如实行农林复合农业。

二、瘠薄培肥型中低产田的改良利用

瘠薄培肥型改良技术规范见表5-8。

1. 平整土地与梯田建设 将平坦垣面及缓坡地规划成条田，平整土地，以蓄水保墒。通过水土保持和提高水资源利用水平，发展粮食生产。

2. 实行水保耕作法 山地丘陵推广等高耕作、等高种植、地膜覆盖、生物覆盖等旱作农业技术，平川区推广地膜覆盖、生物覆盖等旱农技术，有效保持土壤水分，满足作物需求，提高作物产量。

3. 大力兴建林草植被 因地制宜地造林、种草与农作物种植有效结合，兼顾生态效益和经济效益，发展复合农业。

表5-8 瘠薄培肥型改良技术规范

改良措施		改良指标
平整土地与条田建设		平坦垣面及缓坡地规划成条田
水保耕作法		平川区推广地膜覆盖、生物覆盖等旱作农业技术，山地丘陵推广等高耕作种植制度和地膜覆盖、生物覆盖等旱作农业技术
林草植被建设		林、草、作物总植被覆盖率>80%（无裸露面积）
耕作培肥	深翻	3年内深耕1~2次，加深耕层2~5厘米，耕作熟化层达到>20厘米
	种植制度	连续3~5年实行轮作倒茬
	秸秆还田	秸秆还田量或面积>40%，连续3年
	增施有机肥	施有机肥达到2 500~3 500千克/亩，连续3年
	校正施肥	普钙40~75千克/亩，连续3年，硫酸钾5~7.5千克/亩，连续3年

三、干旱灌溉改良型中低产田的改良利用

干旱灌溉型改良技术规范见表5-9。

1. 水源开发及调蓄工程 干旱灌溉型中低产田地处位置，具备水资源开发条件。在这类地区增加适当数量的水井、修筑一定数量的调水、蓄水工程，以保证一年一熟地浇3～4次以上，毛灌定额 300～400 米³/亩，一年两熟地浇 4～5 次，毛灌定额 400～500 米³/亩。

2. 田间工程及平整土地 一是平田整地采取小畦浇灌，节约用水，扩大浇水面积；二是积极发展管灌、滴灌，提高水的利用率；三是二级阶地适量增加深井数量，扩大灌溉面积。

表 5-9 干旱灌溉型改良技术规范

改良措施		改良指标
水源开发及调蓄工程		修建提水工程、挖旱井蓄水、挖深井、健全排灌工程
田间工程及平整土地		适应不同浇灌方式（井、渠、喷、滴）的要求，地膜覆盖
耕作培肥	增施有机肥	每年 2 000～2 500 千克/亩
	秸秆还田	还田量及面积＞50％
	种植绿肥	面积＞40％连续 3 年
	校正施肥	N：P_2O_5：K_2O=1：0.8：0.5

四、盐碱耕地型中低产田的改良利用

盐碱耕地型改良技术规范见表 5-10。

1. 工程措施 挖排水沟，壤质土壤沟深大于 2 米，黏质土壤沟深大于 1.5 米，排水沟间距 200～400 米。用深井水灌溉洗盐，500～700 米³/亩。平整土地。

2. 耕作培肥 采取秋深耕晒垡，春浅耕早耙，增施有机肥，种植绿肥牧草，增施磷肥，地膜覆盖，施用硫酸亚铁土壤改良剂等。

表 5-10 盐碱耕地型改良技术规范

改良工程		改良指标
工程系统	排水工程	排水沟深：壤质土壤＞2 米，黏质土壤＞1.5 米，间隔 200～400 米
	灌溉脱盐工程	引深井水，需水 500～700（米³/亩）
	平整土地	建成＞3 亩的格田，畦面高差 3～5 厘米
耕作培肥	增施有机肥	2 000～3 000 千克/亩
	种植绿肥牧草	粮草（田菁、紫苜蓿）或粮肥（绿肥）轮作
	增施磷肥	普钙 75 千克/亩，连续 3 年
	耕作	秋深耕晒垡，春浅耕早耙
地膜覆盖		玉米、高粱 100％覆盖
施硫酸亚铁		50～150 千克/亩，连续 3 年

五、障碍层次型中低产田的改良利用

障碍层次型改良技术规范见表 5 - 11。

1. 平整土地　通过平田整地使田面坡度 $<3°$

2. 耕作培肥　采取秋深耕，增施有机肥，秸秆还田，种植绿肥等措施。

3. 林带植被建设　栽种乔木、灌木、果树。

表 5 - 11　障碍层次型改良技术规范

改良措施		改良指标
平整土地		田面坡度 $<3°$
耕作培肥	加深耕层	3～5 厘米，使耕层厚度 >20 厘米
	增施有机肥	每年 2 000～3 000 千克/亩，连续 3～5 年
	秸秆还田	还田秸秆量或面积 $>50\%$，连续 3～5 年
	种植绿肥	$>30\%$，连续 3 年
	校正施肥	普钙 30～50 千克/亩，硫酸钾 5～10 千克/亩，连续 3 年
林带植被建设		乔、灌、果合计占地面积 $>10\%$
其他		开发适当的水利设施，使年灌溉次数达到 1～3 次

第六章　耕地地力评价与测土配方施肥

第一节　测土配方施肥的原理与方法

一、测土配方施肥的含义

测土配方施肥是以肥料田间试验、土壤测试为基础，根据作物需肥规律、土壤供肥性能和肥料效应，在合理施用有机肥料的基础上，提出氮、磷、钾及中、微量元素等肥料的施用品种、数量、施肥时期和施肥方法。通俗地讲，就是在农业科技人员指导下科学施用配方肥。测土配方施肥技术的核心是调整和解决作物需肥与土壤供肥之间的矛盾。同时有针对性地补充作物所需的营养元素，作物缺什么元素就补充什么元素，需要多少补充多少，实现各种养分平衡供应，满足作物的需要。达到增加作物产量、改善农产品品质、节省劳力、节支增收的目的。

二、应用前景

土壤有效养分是作物营养的主要来源，施肥是补充和调节土壤养分数量与补充作物营养最有效的手段之一。作物因其种类、品种、生物学特性、气候条件以及农艺措施等诸多因素的影响，其需肥规律差异较大。因此，及时了解不同作物种植土壤中的土壤养分变化情况，对于指导科学施肥具有重要的现实意义。

测土配方施肥是一项应用性很强的农业科学技术，在农业生产中大力推广应用，对促进农业增效、农民增收具有十分重要的作用。通过测土配方施肥的实施，能达到 5 个目标：一是节肥增产。在合理施用有机肥的基础上，提出合理的化肥投入量，调整养分配比，使作物产量在原有的基础上能最大限度地发挥其增产潜能。二是提高产品品质。通过田间试验和土壤养分化验，在掌握土壤供肥状况，优化化肥投入的前提下，科学调控作物所需养分的供应，达到改善农产品品质的目标。三是提高肥效。在准确掌握土壤供肥特性，作物需肥规律和肥料利用率的基础上，合理设计肥料配方。从而达到提高产投比和增加施肥效益的目标。四是培肥改土。实施测土配方施肥必须坚持用地与养地相结合、有机肥与无机肥相结合，在逐年提高作物产量的基础上，不断改善土壤的理化性状，达到培肥和改良土壤，提高土壤肥力和耕地综合生产能力，实现农业可持续发展。五是生态环保。实施测土配方施肥，可有效地控制化肥特别是氮肥的投入量，提高肥料利用率，减少肥料的面源污染，避免因施肥引起的富营养化，实现农业高产和生态环保相协调的目标。

三、测土配方施肥的依据

(一) 土壤肥力是决定作物产量的基础

肥力是土壤的基本属性和质的特征，是土壤从养分条件和环境条件方面，供应和协调作物生长的能力。土壤肥力是土壤的物理、化学、生物性质的反映，是土壤诸多因子共同作用的结果。通过大量的田间试验和示踪元素的测定证明，作物产量的构成，有40%～80%的养分吸收来自土壤。养分吸收来自土壤比例的大小和土壤肥力的高低有着密切的关系，土壤肥力越高，作物吸自土壤养分的比例就越大；相反，土壤肥力越低，作物吸自土壤的养分越少，那么肥料的增产效应相对增大，但土壤肥力低绝对产量也低。要提高作物产量，首先要提高土壤肥力，而不是依靠增加肥料。因此，土壤肥力是决定作物产量的基础。

(二) 有机与无机相结合、大中微量元素相配合

用地和养地相结合是测土配方施肥的主要原则，实施配方施肥必须以有机肥为基础，土壤有机质含量是土壤肥力的重要指标。增施有机肥可以增加土壤有机质含量，改善土壤理化、生物性状，提高土壤保水保肥性能，增强土壤活性，促进化肥利用率的提高，各种营养元素的配合才能获得高产稳产。要使作物—土壤—肥料形成物质和能量的良性循环，必须坚持用地养地相结合，投入、产出相对平衡，保证土壤肥力的逐步提高，达到农业的可持续发展。

(三) 测土配方施肥的理论依据

测土配方施肥是以养分归还学说、最小养分律、同等重要律、不可代替律、肥料效应报酬递减律和因子综合作用律等为理论依据，以确定不同养分的施肥总量和肥料配比为主要内容。同时注意良种、田间管护等影响肥效的诸多因素，形成了测土配方施肥的综合资源管理体系。

1. 养分归还学说 作物产量的形成有40%～80%的养分来自土壤。但不能把土壤看作一个取之不尽、用之不竭的"养分库"。为保证土壤有足够的养分供应容量和强度，保证土壤养分的携出与输入间的平衡，必须通过施肥这一措施来实现。依靠施肥，可以把作物吸收的养分"归还"土壤，确保土壤肥力。

2. 最小养分律 作物生长发育需要吸收各种养分，但严重影响作物生长、限制作物产量的是土壤中那种相对含量最小的养分因素，也就是最缺的那种养分。如果忽视这个最小养分，即使继续增加其他养分，作物产量也难以提高。只有增加最小养分的量，产量才能相应提高。经济合理的施肥是将作物所缺的各种养分同时按作物所需比例相应提高，作物才会优质高产。

3. 同等重要律 对作物来讲，不论大量元素或微量元素，都是同样重要缺一不可的，即使缺少某一种微量元素，尽管它需要量很少，仍会影响某种生理功能而导致减产。微量元素和大量元素同等重要，不能因为需要量少而忽略。

4. 不可替代律 作物需要的各种营养元素，在作物体内都有一定功效，相互之间不能替代，缺少什么营养元素，就必须施用含有该元素的肥料进行补充，不能相互替代。

5. 肥料报酬递减律　随着投入的单位劳动和资本量的增加，报酬的增加却在减少，当施肥量超过适量时，作物产量与施肥量之间单位施肥量的增产会呈递减趋势。

6. 因子综合作用律　作物产量的高低是由影响作物生长发育诸因素综合作用的结果，但其中必有一个起主导作用的限制因子，产量在一定程度上受该限制因素的制约。为了充分发挥肥料的增产作用和提高肥料的经济效益，一方面，施肥措施必须与其他农业技术措施相结合，发挥生产体系的综合功能；另一方面，各种养分之间的配合施用，也是提高肥效不可忽视的问题。

四、测土配方施肥确定施肥量的基本方法

（一）土壤与植物测试推荐施肥方法

该技术综合了目标产量法、养分丰缺指标法和作物营养诊断法的优点。对于大田作物，在综合考虑有机肥、作物秸秆利用和管理措施的基础上，根据氮、磷、钾和中、微量元素养分的不同特征，采取不同的养分优化调控与管理策略。其中，氮肥推荐根据土壤供氮状况和作物需氮量，进行实时动态监测和精确调控，包括基肥和追肥的调控；磷、钾肥通过土壤测试和养分平衡进行监控；中、微量元素采用因缺补缺的矫正施肥策略。该技术包括氮素实时监控、磷钾养分恒量监控和中、微量元素养分矫正施肥技术。

1. 氮素实时监控施肥技术　根据不同土壤、不同作物、不同目标产量确定作物需氮量，以需氮量的 $30\%\sim60\%$ 作为基肥用量。具体基施比例根据土壤全氮含量，同时参照当地丰缺指标来确定。一般在全氮含量偏低时，采用需氮量的 $50\%\sim60\%$ 作为基肥；在全氮含量居中时，采用需氮量的 $40\%\sim50\%$ 作为基肥；在全氮含量偏高，采用需氮量的 $30\%\sim40\%$ 作为基肥。$30\%\sim60\%$ 基肥比例可根据上述方法确定，并通过"3414"田间试验进行校验，建立当地不同作物的施肥指标体系，有条件的地区可在播种前对 $0\sim20$ 厘米土壤无机氮进行监测，调节基肥用量。

$$基肥用量（千克/亩）=\frac{（目标产量需氮量—土壤无机氮）\times（30\%\sim60\%）}{肥料中养分含量\times肥料当季利用率}$$

其中：土壤无机氮（千克/亩）＝土壤无机氮测试值（毫克/千克）$\times0.15\times$校正系数

氮肥追肥用量推荐以作物关键生育期的营养状况诊断或土壤硝态氮的测试为依据，这是实现氮肥准确推荐的关键环节，也是控制过量施氮或施氮不足、提高氮肥利用率和减少损失的重要措施。测试项目主要是土壤全氮含量、土壤硝态氮含量或小麦拔节期茎基部硝酸盐浓度、玉米最新展开叶脉中部硝酸盐浓度，水稻采用叶色卡或叶绿素仪进行叶色诊断。

2. 磷钾养分恒量监控施肥技术　根据土壤有（速）效磷、钾含量水平，以土壤有（速）效磷、钾养分不成为实现目标产量的限制因子为前提，通过土壤测试和养分平衡监控，使土壤有（速）效磷、钾含量保持在一定范围内。对于磷肥，基本思想是根据土壤有效磷测试结果和养分丰缺指标进行分级，当有效磷水平处在中等偏上时，可以将目标产量需要量（只包括带出田块的收获物）的 $100\%\sim110\%$ 作为当季磷肥用量；随着有效磷含

量的增加，需要减少磷肥用量，直至不施；随着有效磷的降低，需要适当增加磷肥用量，在极缺磷的土壤上，可以施到需要量的 150%～200%。在 2～3 年后再次测土时，根据土壤有效磷和产量的变化再对磷肥用量进行调整。钾肥首先需要确定施用钾肥是否有效，再参照上面方法确定钾肥用量，但需要考虑有机肥和秸秆还田带入的钾量。一般大田作物磷、钾肥料全部做基肥。

3. 中微量元素养分矫正施肥技术　中、微量元素养分的含量变幅大，作物对其需要量也各不相同。主要与土壤特性（尤其是母质）、作物种类和产量水平等有关。矫正施肥就是通过土壤测试，评价土壤中、微量元素养分的丰缺状况，进行有针对性的因缺补缺的施肥。

（二）肥料效应函数法

根据"3414"方案田间试验结果建立当地主要作物的肥料效应函数，直接获得某一区域、某种作物的氮、磷、钾肥料的最佳施用量，为肥料配方和施肥推荐提供依据。

（三）土壤养分丰缺指标法

通过土壤养分测试结果和田间肥效试验结果，建立不同作物、不同区域的土壤养分丰缺指标，提供肥料配方。

土壤养分丰缺指标田间试验也可采用"3414"部分实施方案。"3414"方案中的处理 1 为空白对照（CK），处理 6 为全肥区（NPK），处理 2、4、8 为缺素区（即 PK、NK 和 NP）。收获后计算产量，用缺素区产量占全肥区产量百分数即相对产量的高低来表达土壤养分的丰缺情况。相对产量低于 50% 的土壤养分为极低；相对产量 50%～60%（不含）为低，60%～70%（不含）为较低，70%～80%（不含）为中，80%～90%（不含）为较高，90%（含）以上为高（也可根据当地实际确定分级指标），从而确定适用于某一区域、某种作物的土壤养分丰缺指标及对应的肥料施用数量。对该区域其他田块，通过土壤养分测试，就可以了解土壤养分的丰缺状况，提出相应的推荐施肥量。

（四）养分平衡法

1. 基本原理与计算方法　根据作物目标产量需肥量与土壤供肥量之差估算施肥量，计算公式为：

$$施肥量（千克/亩）=\frac{目标产量所需养分总量—土壤供肥量}{肥料中养分含量×肥料当季利用率}$$

养分平衡法涉及目标产量、作物需肥量、土壤供肥量、肥料利用率和肥料中有效养分含量五大参数。土壤供肥量即为"3414"方案中处理 1 的作物养分吸收量。目标产量确定后因土壤供肥量的确定方法不同，形成了地力差减法和土壤有效养分校正系数法两种。

地力差减法是根据作物目标产量与基础产量之差来计算施肥量的一种方法。其计算公式为：

$$施肥量（千克/亩）=\frac{（目标产量—基础产量）×单位经济产量养分吸收量}{肥料中养分含量×肥料利用率}$$

基础产量即为"3414"方案中处理 1 的产量。

土壤有效养分校正系数法是通过测定土壤有效养分含量来计算施肥量。其计算公式为：

$$施肥量（千克/亩）=\frac{作物单位产量养分吸收量×目标产量-土壤测试值×0.15×土壤有效养分校正系数}{肥料中养分含量×肥料利用率}$$

2. 有关参数的确定

——目标产量

目标产量可采用平均单产法来确定。平均单产法是利用施肥区前 3 年平均单产和年递增率为基础确定目标产量，其计算公式为：

目标产量（千克/亩）=（1＋递增率）×前 3 年平均单产（千克/亩）

一般粮食作物的递增率为 10％～15％，露地蔬菜为 20％，设施蔬菜为 30％。

——作物需肥量

通过对正常成熟的农作物全株养分的分析，测定各种作物百千克经济产量所需养分量，乘以目标产量即可获得作物需肥量。

$$\frac{作物目标产量所}{需养分量（千克）}=\frac{目标产量（千克）}{100}×\frac{百千克产量所需}{养分量（千克）}$$

——土壤供肥量

土壤供肥量可以通过测定基础产量、土壤有效养分校正系数两种方法估算：

通过基础产量估算（处理 1 产量）：不施肥区作物所吸收的养分量作为土壤供肥量。

$$\frac{土壤供肥量}{（千克）}=\frac{不施养分区农作物产量（千克）}{100}×\frac{百千克产量所需}{养分量（千克）}$$

通过土壤有效养分校正系数估算：将土壤有效养分测定值乘一个校正系数，以表达土壤"真实"供肥量。该系数称为土壤养分校正系数。

$$\frac{土壤有效养分}{校正系数（％）}=\frac{缺素区作物地上部分吸收该元素量（千克/亩）}{该元素土壤测定值（毫克/千克）×0.15}$$

——肥料利用率

一般通过差减法来计算：利用施肥区作物吸收的养分量减去不施肥区农作物吸收的养分量，其差值视为肥料供应的养分量，再除以所用肥料养分量就是肥料利用率。

$$肥料利用率（％）=\frac{施肥区农作物吸收养分量（千克/亩）-缺素区农作物吸收养分量（千克/亩）}{肥料施用量（千克/亩）×肥料中养分含量（％）}×100％$$

上述公式以计算氮肥利用率为例来进一步说明。

施肥区（$N_2P_2K_2$ 区）农作物吸收养分量（千克/亩）："3414"方案处理 6 的作物总吸氮量；

缺氮区（NoP_2K_2 区）农作物吸收养分量（千克/亩）："3414"方案处理 2 的作物总吸氮量；

肥料施用量（千克/亩）：施用的氮肥肥料用量；

肥料中养分含量（％）：施用的氮肥肥料所标明含氮量。

如果同时使用了不同品种的氮肥，应计算所用的不同氮肥品种的总氮量。

——肥料养分含量

供施肥料包括无机肥料与有机肥料。无机肥料、商品有机肥料含量按其标明量，不明养分含量的有机肥料养分含量可参照当地不同类型有机肥养分平均含量获得。

第二节　测土配方施肥项目技术内容和实施情况

一、野外调查与资料收集

为了给测土配方施肥项目提供准确、可靠的第一手数据，达到理论和实践的有机统一，按照农业部测土配方施肥规范要求，对代县 11 个乡（镇）377 个行政村 60 万亩耕地的立地条件、土壤条件、耕地水肥条件、农作物单位面积产量水平等构成农业生产的基本要素，主要进行了 3 项野外实地调查。一是采样地块调查；二是测土配方施肥准确度调查；三是农户施肥情况调查。3 年共完成野外调查表 4 100 份，其中采样调查表 4 100 份，农户施肥情况调查表 300 份。初步掌握了全县耕地地力条件、土壤理化性状与施肥管理水平。同时收集整理了 1982 年第二次土壤普查、土壤耕地养分调查、历年肥料动态监测、肥料试验及其相关的图件和土地利用现状图、土壤图等资料。

二、采样分析化验

按照土样采集操作规程，结合代县耕地的实际情况，以村为单位，根据立地条件、土壤类型、利用现状、耕作制度、产量水平、地形部位等因素的不同，按照沟河地 150 亩采集一个土样、旱垣地 200 亩采集一个土样、丘陵区 100 亩采集一个单元，对代县的 60 万亩耕地进行了采样单元划分，并在全县土壤利用现状图上加以标注，在实际操作过程中根据实际情况进行适当调整。全县组织了 4 个采样组，3 年共采集标准大田土样 4 100 个，并按要求完成了 4 100 个有机质和大量元素、1 231 个中微量元素的测试任务，取得土壤养分化验数据 36 842 项次。其中，大量元素 27 055 项次、中微量元素 7 386 项次，其他项目 401 项次及植株样品测试 2 000 项次。

三、田间试验

根据项目实施方案，对代县的主栽作物玉米进行了田间肥效试验。依据试验的具体要求，结合代县不同地理区域、不同土壤类型的分布状况及肥力水平等级，参照各区域玉米历年的产量水平，3 年共安排"3414"试验 30 个，校正试验 70 个。其中 2009 年"3414"试验 10 个，校正试验 20 个；2010 年 3 414 试验 10 个，校正试验 20 个；2011 年"3414"试验 10 个，校正试验 30 个。每个试验点所需肥料、种子由县农业技术推广中心统一采购，统一称量分装，统一发放到承试户。各个试验点从试验地块的选择、土样采集、小区规划、适期播种、田间管理、观察记载、植株样采集、测产验收等各个环节均在技术人员的实地指导下组织实施，保证了田间试验结果的准确度，较好地完成了田间试验任务。

通过"3414"肥料效应试验，摸清了土壤养分校正系数、土壤供肥能力、作物养分吸收量和肥料利用率等基本参数；掌握了主要作物玉米在不同肥力水平地块的优化施肥量、施肥时期和施肥方法；构建了科学施肥模型，为完善测土配方施肥技术指标体系提供了科学依据。

通过校正试验，从养分投入量、作物产量、效益方面比较了配方施肥与对照之间的增产率、增收和产出投入比。客观评价了配方施肥效果和施肥效益，校正了配方施肥技术参数，验证和优化了肥料配方。进一步推进了代县测土配方施肥技术的标准化、规范化。

四、配方设计

根据代县 2009—2011 年 4 100 个采样点化验结果，应用养分平衡法计算公式，结合 2009—2011 年玉米"3414"试验初步获得的土壤丰缺指标及相应施肥量，制定了代县主要粮食作物玉米配方施肥总方案，即全县的大配方。以每个采样地块所代表区域为一个配方小单元，提出 4 100 个精准小配方，即大配方小调整。

玉米施肥配方方案

（1）一级、二级阶地，河流两侧的高河漫滩、交接洼地以及洪积扇中下部高产区（亩产≥700 千克/亩）：

亩产≥800 千克区域配方：亩施优质农肥 1 500 千克或秸秆还田，化肥配方比例 N-P_2O_5-K_2O 分别为 22-12-10，施肥量 100 千克/亩。

亩产 700~800 千克区域配方：亩施优质农肥 1 500 千克或秸秆还田，化肥配方比例 N-P_2O_5-K_2O 分别为 20-9-8，施肥量 100 千克/亩。

（2）山间交接洼地、河间洼地以及沟谷阶地、缓坡丘陵，高级阶地，洪积扇中部垣地、梁、峁平地中产区（亩产 500~700 千克/亩）：

亩产 600~700 千克区域配方：亩施优质农肥 1 500 千克或秸秆还田，化肥配方比例 N-P_2O_5-K_2O 分别为 18-8-7，施肥量 100 千克/亩。

亩产 500~600 千克区域配方：亩施优质农肥 1 200 千克或秸秆还田，化肥配方比例 N-P_2O_5-K_2O 分别为 15-7-5，施肥量 100 千克/亩。

（3）残垣、缓坡梁、峁地、沟谷阶地及封闭洼地、下湿盐碱地低产区（亩产≤500 千克/亩）：

亩产 400~500 千克区域配方：亩施优质农肥 1 200 千克或秸秆还田，化肥配方比例 N-P_2O_5-K_2O 分别为 14-6-3，施肥量 100 千克/亩。

亩产 300~400 千克区域配方：亩施优质农肥 1 000 千克或秸秆还田，化肥配方比例 N-P_2O_5-K_2O 分别为 13-6-0，施肥量 100 千克/亩。

亩产＜300 千克区域配方：亩施优质农肥 1 000 千克或秸秆还田，化肥配方比例 N-P_2O_5-K_2O 分别为 10-5-0，施肥量 100 千克/亩。

所有配方磷肥和钾肥作基肥施用，氮肥 2/3 做基肥、1/3 做追肥。做基肥时在播种前采用沟施，施肥深度 10~20 厘米，施后覆土；做追肥时在玉米拔节期与大喇叭口期采用穴施，施肥深度 10~15 厘米，施后覆土。

五、配方应用与效果评价

代县配方肥的应用主要采取两种方式：一是将主要农作物施肥配方总方案即大配方提供给定点配肥企业。即县农业技术推广中心根据土壤不同肥力状况，并参照肥料试验技术参数，制订出不同作物在不同产量水平下的养分配合比例，肥料生产企业按配方生产配方肥，通过服务体系供给农民施用。二是以每个精准小配方所代表的户数提出各户配方施肥建议，并发放到农民手中，农户自行购买单质肥料，按照配方卡各肥料的配合比例，在基层技术员指导下进行现配现用。全县共填写发放配方施肥建议卡 15 万份，入户率达100%，执行率达到96%。

根据代县 300 户玉米种植农户测土配方施肥实施情况的跟踪调查结果汇总表明：玉米配方推荐施肥平均增产 6.16%，增收效益达 5.97%，与实际执行结果差异不大。

六、配方肥加工与推广

1. 配方肥加工　根据代县实际情况，配方肥的配制施用主要采取两种方式：一是配方肥由定点配肥企业生产供给。即县农业技推广术中心根据土壤不同肥力状况，并参照肥料试验技术参数，制订出不同作物在不同产量水平下的养分配合比例，肥料生产企业按配方生产配方肥，通过服务体系供给农民施用；二是农户自行购买单质肥料，按照配方卡各肥料的配合比例，在基层技术员指导下进行现配现用。代县配方肥加工企业是山西省农业厅认定的供肥企业——运城市晋鑫肥业有限公司。代县为配方肥生产企业提供的配方见表6-1。

表6-1　代县玉米施肥配方比例

单位：千克

玉米配方			
N	P_2O_5	K_2O	总养分量
23	12	10	45
20	11	9	40
18	12	5	35
18	12	0	30

2. 配方肥推广　通过考察、洽谈，代县的配方肥由运城市晋鑫肥业有限公司生产供给。截至 2011 年制定配方 4 个，在推广过程中通过宣传、培训、县乡村三级科技推广网络服务、政府补贴等形式共完成配方肥施用面积 20 万亩，配方肥总量 10 000 吨，取得了显著效果。

七、数据库建设与图件制作

根据测土配方施肥项目数据库建立要求，按照农业部测土配方施肥数据字典格式，对项目实施 3 年来收集的各种信息数据进行了录入并分类汇总，建立了完整的测土配方施肥数据库，涉及田间试验、田间示范、采样地块基本情况、农户施肥情况、土样测试结果、植株测试结果、配方建议卡、配方施肥准确度评价、项目工作情况汇总等信息和数据，2011 年顺利完成了数据库升级转换。同时，以第二次土壤普查、历年土壤肥料田间试验、土壤详查等数据资料为基础，收集整理了本次野外调查、田间试验和土壤分析化验数据，委托山西农业大学资环学院建立了测土配方施肥属性数据库，绘制了土壤图、土地利用现状图、土壤各种养分含量分布图、采样点位图、测土配方施肥分区图，为下一步测土配方施肥工作的有序进行，耕地地力评价工作的顺利开展打好了坚实的基础。

八、化验室建设

在原有化验设施的基础上，通过项目资金支持，结合项目要求，投资 27.85 万元购置了所需的仪器设备 48 台（件）；规范了总控室、测试室、分析室、浸提室、制水室、土样储存室和药品仪器存放室等；更新了化验台、药品架等基本实施；完善了水、电、暖等附属项目；建立健全了各操作室的规章制度。经过整合、修缮、更新，购置，基本建成了设施齐全、功能完善、符合项目要求的中心化验室。

样品化验数据的准确度是整个测土配方施肥的关键，为了很好地完成化验任务，我们采取走出去、请进来的方式对化验人员进行了多形式的专业培训，基本掌握了分析化验的技能，化验过程中还请回山西农业大学资环学院以及省、市化验专职人员进行技术指导，同时还积极参加了仪器生产厂家的不定期新仪器操作技能培训以及省、市土肥站举办的各种化验培训，使化验人员掌握了较高的化验技能。保证了各项化验任务的顺利完成。

九、技术推广应用

农民是各项农业新技术的最终实施者，为将测土配方施肥技术尽快应用于生产实践，转化成新的生产力，我们做了大量有效的工作。

1. 宣传培训 在全县范围内采取深入农村办班培训、田间地头实地指导、利用集会散发资料、广播电视专题讲座、醒目位置书写标语等多种形式对测土配方施肥技术进行了全方位的宣传培训。经统计，全县 3 年共组织各种培训 120 期，培训技术骨干 1 365 人次，培训营销人员 300 人次，培训农民 60 000 人次。广播电视 8 次，报刊简报、墙体广告、网络宣传 377 条，技术咨询、现场会、观摩会 34 次，发放技术资料 8.8 万余份，测土信息及施肥方案上墙公示 422 个。通过大规模的宣传培训，使广大农民普遍掌握了测土配方施肥技术，营造了测土配方施肥技术的社会氛围，调动了社会各界支持参与测土配方施肥的积极性，推进了此项工作的顺利实施。

2. 发放施肥建议卡 根据代县 2009—2011 年 4 100 个采样点的化验结果，以每个采样点所代表区域为一个配方分区，提出 4 100 个配方母卡，再以每个母卡所代表的户数提出分区内各户配方施肥建议卡，并发放到农民手中，由各级农业技术人员指导农民全面实施。全县共填写发放配方施肥建议卡 15 万份，建议施肥卡内容按规程要求填写，既有化验结果、养分丰缺指标，又有两种施肥方案。为使施肥建议卡及时、有效地发放到农民手中，专门确立了建议卡发放程序，县农业技术推广中心负责设计填写施肥建议卡，乡（镇）农技员负责将施肥建议卡发放给各村分管农业的村委主任，村委主任负责将施肥建议卡发放到农户，农户收到施肥建议卡在签名表上签字。经抽查，施肥建议卡到户率达到100%，执行率达到 96%。

3. 试验示范与推广 2009—2011 年，代县在完成 30 个"3414"试验、70 个校正试验的基础上，代县玉米万亩示范园 5 个，千亩示范片 18 个，村级示范方 88 个，设立了土壤肥力定位监测点 73 个，测土配方施肥肥效监测点 73 个。通过以上工作的具体实施，有效地扩大了测土配方施肥项目在全县的影响，极大地提高农民对测土配方施肥技术的认识，使全县上下形成推广应用测土配方施肥技术的良好氛围，有力地促进了测土配方施肥技术的推广应用。2009—2011 年，全县共推广完成测土配方施肥技术面积 55 万亩次，涉及全县 377 个行政村的 48 035 个农户，发放配方卡 15 万份，配方肥施用面积 20 万亩，配方肥施用总量 10 000 吨。

十、耕地地力评价

充分利用野外调查和分析化验等数据，结合第二次土壤普查、土地利用现状调查等成果资料，按照《全国耕地地力评价技术规范》要求，完成了全县耕地地力评价工作。将60 万亩耕地划分为 6 个等级，相对于国家 4~9 级地；按照《全国中低产田类型划分与改良技术规范》，将 428 277.18 亩中低产田划分为 5 种类型，并提出改良措施。建立了耕地地力评价与利用数据库，建立了耕地资源信息管理系统，制作了代县中低产田分布图、耕地地力等级图等图件，编写了耕地地力评价与利用技术报告和专题报告。

十一、技术研发与专家系统开发

专家系统开发有利于测土配方施肥技术研究，有利于测土配方施肥技术的宣传培训，有利于测土配方施肥成果的推广应用。配方施肥的最新成果能让农民通过网络、电话、电视、多媒体、现场培训等形式学习施肥新技术、应用配方成果。代县专家系统开发，已在代县农业技术推广中心开始试验并进行测土配方施肥研究和探讨与推广，且已经取得了一定的进展。能够通过土壤测试结果进行肥力分区开展测土配方施肥技术指导和量化施肥，还可以在一定程度上开展进行养分平衡法计算施肥，因为这种方法在很大程度上依赖五大参数的准确度，由于参数较难准确确定，目前技术应用还有一定局限，有待进一步提高技术应用水平。为了方便群众咨询，更好地推进配方施肥综合成果应用，我们组建了代县测土配方施肥技术指导专家组，以"代县农业信息网"作为信息平台，进行网络咨询服务，并开通了测土配方施肥服务热线电话。区域内各级农业技术推广单位,各级分管农业的领导干部,科技示范户和种粮大户,以及广大农民群众都可以随时随地通过网络和热线电话咨询测土配方施肥技术。

第三节　田间肥效试验及施肥指标体系建立

根据农业部及山西省农业厅测土配方施肥项目实施方案的安排和省土肥站制定的《山西省主要作物"3414"肥料效应田间试验方案》、《山西省主要作物测土配方施肥示范方案》所规定的标准,为摸清代县土壤养分校正系数,土壤供肥能力,不同作物养分吸收量和肥料利用率等基本参数;掌握农作物在不同施肥单元的优化施肥量,施肥时期和施肥方法;构建农作物科学施肥模型,为完善测土配方施肥技术指标体系提供科学依据,从2009年起,在大面积实施测土配方施肥的同时,安排实施了各类试验示范211点次,取得了大量的科学试验数据,为下一步的测土配方施肥工作奠定了良好的基础。

一、测土配方施肥田间试验的目的

田间试验是获得各种作物最佳施肥品种、施肥比例、施肥时期、施肥方法的唯一途径,也是筛选、验证土壤养分测试方法、建立施肥指标体系的基本环节。通过田间试验,掌握各个施肥单元不同作物优化施肥数量,基、追肥分配比例,施肥时期和施肥方法;摸清土壤养分校正系数、土壤供肥能力、不同作物养分吸收量和肥料利用率等基本参数;构建作物施肥模型,为施肥分区和肥料配方设计提供依据。

二、测土配方施肥田间试验方案的设计

(一)田间试验方案设计

按照农业部《测土配方施肥技术规范》的要求,以及山西省农业厅土壤肥料工作站《测土配方施肥实施方案》的规定,根据代县主栽作物玉米的实际种植情况,采用"3414"方案设计(设计方案见表6-2、表6-3、表6-4)。"3414"的含义是指氮、磷、钾3个因素、4个水平、14个处理。4个水平的含义:0水平指不施肥;2水平指当地推荐施肥量;1水平＝2水平×0.5;3水平＝2水平×1.5(该水平为过量施肥水平)。玉米二水平处理的施肥量(千克/亩),N 14、P_2O_5 8、K_2O 8;校正试验设配方施肥示范区、常规施肥区、空白对照区3个处理。

表6-2　氮磷二元二次肥料试验设计与"3414"方案处理编号对应表

处理编号	"3414"方案处理编号	处理编码	N	P	K
1	1	$N_0P_0K_0$	0	0	0
2	2	$N_0P_2K_2$	0	2	2

（续）

处理编号	"3414"方案处理编号	处理编码	N	P	K
3	3	$N_1P_2K_2$	1	2	2
4	4	$N_2P_0K_2$	2	0	2
5	5	$N_2P_1K_2$	2	1	2
6	6	$N_2P_2K_2$	2	2	2
7	7	$N_2P_3K_2$	2	3	2
8	11	$N_3P_2K_2$	3	2	2
9	12	$N_1P_1K_2$	1	1	2

表 6 - 3 "3414"完全试验设计方案处理编制表

试验编号	处理编码	施肥水平		
		N	P	K
1	$N_0P_0K_0$	0	0	0
2	$N_0P_2K_2$	0	2	2
3	$N_1P_2K_2$	1	2	2
4	$N_2P_0K_2$	2	0	2
5	$N_2P_1K_2$	2	1	2
6	$N_2P_2K_2$	2	2	2
7	$N_2P_3K_2$	2	3	2
8	$N_2P_2K_0$	2	2	0
9	$N_2P_2K_1$	2	2	1
10	$N_2P_2K_3$	2	2	3
11	$N_3P_2K_2$	3	2	2
12	$N_1P_1K_2$	1	1	2
13	$N_1P_2K_1$	1	2	1
14	$N_2P_1K_1$	2	1	1

表 6 - 4 常规五处理试验与"3414"方案处理编号对应表

处理内容	"3414"方案处理编号	处理编码	N	P	K
无肥区	1	$N_0P_0K_0$	0	0	0
无氮区	2	$N_0P_2K_2$	0	2	2
无磷区	4	$N_2P_0K_2$	2	0	2
无钾区	8	$N_2P_2K_0$	2	2	0
氮磷钾区	6	$N_2P_2K_2$	2	2	2

（二）试验材料

供试肥料分别为含量 46% 的尿素，含量为 12% 的颗粒磷肥，33% 的硫酸钾。

三、测土配方施肥田间试验设计方案的实施

（一）地点与布局

在多年耕地土壤肥力动态监测和耕地分等定级的基础上，将代县耕地进行高、中、低肥力区划，确定不同肥力的测土配方施肥试验所在地点，同时在对承担试验的农户科技水平与责任心、地块大小、地块代表性等条件综合考察的基础上，确定试验地块。试验田的田间规划、施肥、播种、浇水以及生育期观察、田间调查、室内考种、收获计产等工作都由专业技术人员严格按照田间试验技术规程进行操作。

测土配方施肥"3414"类试验在玉米上进行，不设重复。2009—2011 年，在玉米上已进行"3414"类试验 30 点次，校正试验 70 点次。

（二）试验地块选择

试验地选择平坦、整齐、肥力均匀，具有代表性的不同肥力水平的地块；坡地选择坡度平缓、肥力差异较小的田块；试验地避开了道路、堆肥场所等特殊地块。

（三）试验作物品种选择

田间试验选择当地主栽作物品种。

（四）试验准备

整地、设置保护行、试验地区划；小区应单灌单排，避免串灌串排；试验前采集基础土壤样。

（五）测土配方施肥田间试验的记载

田间试验记载的具体内容和要求：

1. 试验地基本情况　包括：

地点：省、市、县、村、邮编、地块名、农户姓名。

定位：经度、纬度、海拔。

土壤类型：土类、亚类、土属、土种。

土壤属性：土体构型、耕层厚度、地形部位及农田建设、侵蚀程度、障碍因素、地下水位等。

2. 试验地土壤、植株养分测试　有机质、全氮、碱解氮、有效磷、速效钾、pH 等土壤理化性状，必要时进行植株营养诊断和中微量元素测定等。

3. 气象因素　多年平均及当年月气温、降水量、日照和湿度等气候数据。

4. 前茬情况　作物名称、品种、品种特征、亩产量，以及 N、P、K 肥和有机肥的用量、价格等。

5. 生产管理信息　灌水、中耕、病虫防治、追肥等。

6. 基本情况记录　品种、品种特性、耕作方式及时间、耕作机具、施肥方式及时间、播种方式及工具等。

7. 生育期记录　播种期、播种量、平均行距、平均株距、出苗期、拔节期、大喇叭口期、抽雄期、吐丝期、灌浆期、成熟期等。

8. 生育指标调查记载　亩株数、株高、穗位高、亩收获穗数、穗长、穗行数、穗粒数、千粒重、小区产量等。

(六) 试验操作及质量控制情况

试验田地块的选择严格按方案技术要求进行，同时要求承担试验的农户要有一定的科技素质和较强的责任心，以保证试验田各项技术措施准确到位。

田间调查项目如基本苗、亩株数、亩成穗、小区产量等。

(七) 数据分析

田间调查和室内考种所得数据，全部按照肥料效应鉴定田间试验技术规程操作，利用 Excel 程序和"3414"田间试验设计与数据分析管理系统进行分析。

四、田间试验实施情况

(一) 试验情况

共安排"3414"完全试验 30 点次，校正试验 70 点次，分别设在 11 个乡（镇）的 43 个村庄。

(二) 试验示范效果

完成"3414"试验 30 个，共获得三元二次回归方程 28 个，相关系数全部达到极显著水平。完成校正试验 70 点次，配方施肥比常规区平均亩增产玉米 12.36%。

五、初步建立了玉米测土配方施肥丰缺指标体系

(一) 初步建立了作物需肥量、肥料利用率、土壤养分校正系数等施肥参数

1. 作物需肥量　作物需肥量的确定，首先应掌握作物 100 千克经济产量所需的养分量。通过对正常成熟的农作物全株养分的分析，可以得出各种作物的 100 千克经济产量所需养分量。代县玉米 100 千克产量所需纯养分量为 N：2.57 千克、P_2O_5：0.86 千克、K_2O：2.14 千克；计算公式为：作物需肥量［目标产量（千克）/100］×100 千克所需养分量（千克）。

2. 土壤供肥量　土壤供肥量可以通过测定基础产量，土壤有效养分校正系数 2 种方法计算：

（1）通过基础产量计算：不施肥区作物所吸收的养分量作为土壤供肥量，计算公式：土壤供肥量＝［不施肥养分区作物产量（千克）÷100］×100 千克产量所需养分量（千克）。

（2）通过土壤养分校正系数计算：将土壤有效养分测定值乘一个校正系数，以表达土壤"真实"的供肥量。

确定土壤养分校正系数的方法是：

校正系数＝缺素区作物地上吸收该元素量/该元素土壤测定值×0.15。

根据这个方法，初步建立了代县玉米田不同土壤养分含量下的碱解氮、有效磷、速效钾的校正系数。

表6-5 玉米土壤养分含量及校正系数

单位：毫克/千克

评价		极低	低	中	高	极高
碱解氮	含量（毫克/千克）	<70	70~92	92~105	105~110	>110
	校正系数	>1.1	0.9	0.8	0.7	<0.6
有效磷	含量（毫克/千克）	<5.7	5.7~11.2	11.2~14.7	14.7~17.8	>17.8
	校正系数	>2.6	2.1	1.7	1.3	<0.9
速效钾	含量（毫克/千克）	<52	52~70	70~105	105~155	>155
	校正系数	>1	0.8	0.6	0.5	<0.4

3. 肥料利用率 肥料利用率通过差减法来求出。方法是：利用施肥区作物吸收的养分量减去不施肥区作物吸收的养分量，其差值为肥料供应的养分量，再除以所用肥料养分量就是肥料利用率。根据这个方法，初步得出代县玉米田肥料利用率分别为：尿素36%~42%、过磷酸钙15%~26%、硫酸钾35%~41%。

4. 目标产量的确定方法 利用施肥区前3年平均单产和年递增率为基础确定目标产量，其计算公式是：

目标产量（千克/亩）＝（1＋年递增率）×前3年平均单产（千克/亩）。

玉米的递增率为10%~15%为宜。

5. 施肥方法 最常用的施肥方法有条施、撒施深翻、穴施。基肥采用条施、撒施深翻或穴施，基肥一次性施入。追肥采用条施后中耕或穴施。施肥深度8~10厘米。基肥占施肥数量的60%~70%，追肥占施肥数量的30%~40%。

（二）初步建立了玉米施肥丰缺指标体系

通过对玉米"3414"各试验点相对产量与土测试值的相关分析，按照相对产量达≥95%、95%~90%、90%~75%、75%~50%、<50%将土壤养分划分为极高、高、中、低、极低5个等级，初步建立了代县玉米测土配方施肥丰缺指标体系。同时经过计算获得不同等级的推荐施肥量。

1. 玉米碱解氮丰缺指标 玉米碱解氮丰缺指标见图6-1、表6-6。

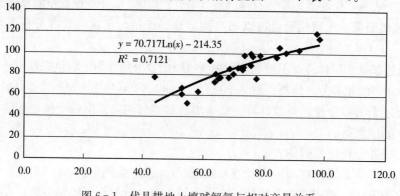

图6-1 代县耕地土壤碱解氮与相对产量关系

表 6 - 6 代县玉米碱解氮丰缺指标

等级	相对产量（%）	土壤碱解氮含量（毫克/千克）	施肥量纯 N（千克/亩）
极高	>95	>110	10
高	90～95	104～110	10～15
中	75～90	88～104	15～20
低	50～75	70～88	20
极低	<50	<70	25

2. 玉米有效磷丰缺指标 玉米有效磷丰缺指标见图 6 - 2、表 6 - 7。

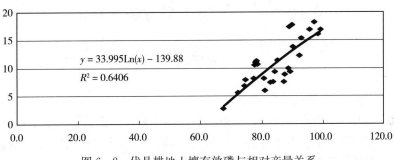

图 6 - 2 代县耕地土壤有效磷与相对产量关系

表 6 - 7 玉米有效磷丰缺指标

等级	相对产量（%）	土壤有效磷含量（毫克/千克）	P_2O_5 用量（千克/亩）
极高	>95	>17.7	4
高	90～95	13.6～17.8	4～6
中	75～90	11.4～13.6	6～8
低	50～75	6.8～11.4	8～10
极低	<50	<6.8	10

3. 玉米速效钾丰缺指标 玉米速效钾丰缺指标见图 6 - 3、表 6 - 8。

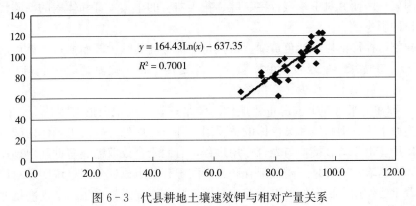

图 6 - 3 代县耕地土壤速效钾与相对产量关系

表 6 - 8　玉米速效钾丰缺指标

等级	相对产量（%）	土壤速效钾含量（毫克/千克）	施肥量 K₂O（千克/亩）
极高	>95	>133	0
高	90~95	113.4~133	0~2
中	75~90	81~113.4	2~5
低	50~75	61.7~81	5~8
极低	<50	<61.7	8

第四节　玉米测土配方施肥技术

一、玉米的需肥特征

（一）玉米对肥料三要素的需要量

玉米是需肥水较多的高产作物，一般随着产量提高，所需营养元素也在增加。玉米全生育期吸收的主要养分中。以氮为多、钾次之、磷较少。玉米对微量元素尽管需要量少，但不可忽视，特别是随着施肥水平提高，施用微肥的增产效果更加显著。

玉米单位籽粒产量吸氮量和吸磷量随产量的提高而下降，而吸钾量则随产量的提高而增加。产量越高，单位籽粒产品产量所需氮、磷越少，吸氮、磷的变幅也变小，也越有规律性，单位氮素效益不断提高。

综合试验数据，每生产 100 千克玉米籽粒，需吸收纯氮 2.57 千克、磷 0.86 千克、钾 2.14 千克。肥料吸收量常受播种季节、土壤、肥力、肥料种类和品种特性的影响。据多点试验，玉米植株对氮、磷、钾的吸收量常随产量的提高而增多。

（二）玉米对养分需求的特点

玉米吸收的矿质元素多达 20 余种，主要有氮、磷、钾 3 种大量元素，硫、钙、镁等中量元素，铁、锰、硼、铜、锌、钼等微量元素。

1. 氮　氮在玉米营养中占有突出地位。氮是植物构成细胞原生质、叶绿素以及各种酶的必要因素。因而氮对玉米根、茎、叶、花等器官的生长发育和体内的新陈代谢作用都会产生明显的影响。

玉米缺氮，株形细瘦，叶色黄绿。首先是下部老叶从叶尖开始变黄，然后沿中脉伸展呈楔形（V），叶边缘仍呈绿色，最后整个叶片变黄干枯。缺氮还会引起雌穗形成延迟，甚至不能发育，或穗小、粒少、产量降低。

2. 磷　磷在玉米营养中也占重要地位。磷是核酸、核蛋白的必要成分，而核蛋白又是植物细胞原生质、细胞核和染色体的重要组成部分。此外，磷对玉米体内碳水化合物代谢有很大作用。由于磷直接参与光合作用过程，有助于合成双糖、多糖和单糖；磷促进蔗糖在植株体内运输；磷又是三磷酸腺苷和二磷酸腺苷的组成成分。这说明磷对能量传递和贮藏都起着重要作用。良好的磷素营养，对培育壮苗、促进根系生长，提高抗寒、抗旱能力都具有实际意义。在生长后期，磷对植株体内营养物质运输、转化及再分配、再利用有促进作用。磷由茎、叶转移到果穗中，参与籽粒中的淀粉合成，使籽粒积累养分顺利进行。

玉米缺磷，幼苗根系发育减弱，生长缓慢，叶色紫红；开花期缺磷，抽丝延迟，雌穗受精不完全，发育不良，粒行不整齐；后期缺磷，果穗成熟推迟。

3. 钾　钾对维持玉米植株的新陈代谢和其他功能的顺利进行起着重要作用。因为钾能促进胶体膨胀，使细胞质和细胞壁维持正常状态，由此保证玉米植株多种生命活动的进行。此外，钾还是某些酶系统的活化剂，在碳水化合物代谢中起着重要作用。总之，钾对玉米生长发育以及代谢活动的影响是多方面的。如对根系的发育，特别是须根形成、体内淀粉合成、糖分运输、抗倒伏、抗病虫害都起着重要作用。

玉米缺钾，生长缓慢，叶片黄绿色或黄色。首先是老叶边缘及叶尖干枯呈灼烧状是其突出的标志。缺钾严重时，生长停滞、节间缩短、植株矮小；果穗发育不正常，常出现秃顶；籽粒淀粉含量减低，粒重减轻；容易倒伏。

4. 硼　硼能促进花粉健全发育，有利于授粉、受精，结实饱满。硼还能调节与多酚氧化酶有关的氧化作用。

玉米缺硼，在玉米早期生长和后期开花阶段植株呈现矮小，生殖器官发育不良，易成空秆或败育，造成减产。缺硼植株新叶狭长，叶脉间出现透明条纹，稍后变白变干；缺硼严重时，生长点死亡。

5. 锌　锌是对玉米影响比较大的微量元素，锌的作用在于影响生长素的合成，并在光合作用和蛋白质合成过程中起促进作用。

玉米缺锌，因生长素不足而细胞壁不能伸长，玉米植株发育甚慢，节间变短。幼苗期和生长中期缺锌，新生叶片下半部呈现淡黄色、甚至白色，故也叫"白苗病"；叶片成长后，叶脉之间出现淡黄色斑点或缺绿条纹，有时中脉与边缘之间出现白色或黄色组织条带或是坏死斑点，此时叶面都呈现透明白色，风吹易折；严重缺锌时，开始叶尖呈淡白色泽病斑，之后叶片突然变黑，几天后植株完全死亡。玉米中后期缺锌，使抽雄期与雌穗吐丝期相隔日期加大，不利于授粉。

6. 锰　玉米对锰较为敏感。锰对植物的光合作用关系密切，能提高叶绿素的氧化还原电位，促进碳水化合物的同化，并能促进叶绿素形成。锰对玉米的氮素营养也有影响。

玉米缺锰，其症状是顺着叶片长出黄色斑点和条纹，最后黄色斑点穿孔，表示这部分组织破坏而死亡。

7. 钼　钼是硝酸还原酶的组成成分。缺钼将减低硝酸还原酶的活性，妨碍氨基酸、蛋白质的合成，影响正常氮代谢。

玉米缺钼，植株幼嫩叶首先枯萎，随后沿其边缘枯死；有些老叶顶端枯死，继而叶边和叶脉之间发展枯斑甚至坏死。

8. 铜　铜是玉米植株内抗坏血酸氧化酶、多酚氧化酶等的成分，因而能促进代谢活动；铜与光合作用也有关系；铜又存在于叶绿体的质体蓝素中，它是光合作用电子供求关系体系的一员。

玉米缺铜，叶片缺绿，叶顶干枯，叶片弯曲、失去膨胀压，叶片向外翻卷。严重缺铜时，正在生长的新叶死亡。因铜能与有机质形成稳定性强的螯合物，所以高肥力地块易缺有效铜。

（三）玉米各生育期对三要素的需求规律

玉米苗期生长相对较慢，只要施足基肥，便可满足其需要；拔节以后至抽雄前，茎叶旺盛生长，内部的生殖器官同时也迅速分化发育，是玉米一生中养分需求最多的时期，必须供应足够的养分，才能达到穗大、粒多、高产的目的；生育后期，籽粒灌浆时间较长，仍需供应一定的肥、水，使之不早衰，确保灌浆充分。一般来讲，玉米有两个需肥关键时期，一是拔节至孕穗期；二是抽雄至开花期。玉米对肥料三要素的吸收规律为：

1. 氮素的吸收 玉米苗期至拔节期氮素吸收量占总氮量的 10.4％～12.3％，拔节期至抽丝初期氮吸收量占总氮量的 66.5％～73％，籽粒形成至成熟期氮的吸收量占总氮量的 13.7％～23.1％。

随着产量水平的提高，各生育阶段吸氮量相应增加，但各阶段吸氮量的增加量不同。如产量从每亩 432.7 千克提高到了每亩 686 千克，出苗至拔节期吸氮量约增加了 1.22 千克，拔节至吐丝期约增加了 0.74 千克，吐丝至成熟期则增加了 3 千克。随着产量水平的提高，玉米在各阶段吸氮量的比例在拔节至吐丝期减少，吐丝期至成熟期，这一阶段的吸氮比例明显增加。因此，提高玉米产量，在适量增加前、中期吸氮的基础上，重点增加吐丝后的吸氮量。

2. 磷素的吸收 玉米苗期吸磷少，约占总磷量的 1％，但相对含量高，是玉米需磷的敏感期；抽雄期吸磷达高峰，占总磷量的 38.8％～46.7％；籽粒形成期吸收速度加快，乳熟至蜡熟期达最大值，成熟期吸收速度下降。

随着产量水平提高，各生育阶段吸磷量相应增加，但以吐丝至成熟阶段增加量为主，拔节至吐丝阶段其次。但随着产量水平的提高，各生育阶段吸磷量占一生总吸磷量的比例前期略有增加，中期有所下降，后期变化不大。表明提高玉米产量，在增加前期吸磷的基础上，重点增加中后阶段特别是花后阶段的吸磷量。

3. 钾素的吸收 玉米钾素的吸收累计量在展三叶期仅占总量的 2％，拔节后增至 40％～50％，抽雄吐丝期达总量的 80％～90％，籽粒形成期钾的吸收处于停止状态。由于钾的外渗、淋失，成熟期钾的总量有降低的趋势。

随着产量水平的提高，各生育阶段吸钾量相应增加，但以拔节至吐丝阶段吸钾量增加最大，吐丝至成熟阶段其次，出苗至拔节阶段吸钾量增加量最少。因此，提高玉米产量，应重视各生育阶段，尤其是拔节至吐丝阶段群体的吸钾量。

二、高产栽培配套技术

1. 品种选择和处理 选用代县常年种植面积较大的永玉 3 号、大丰 26、大丰 30、先玉 335、先玉 528、强盛 51、晋单 81、大民 3307 等品种。种子质量要达到国家一级标准，播种前须进行包衣处理，以控制地老虎、蛴螬、蝼蛄等地下害虫，丝黑穗病、瘤黑粉病、大小斑病等病害的危害。

2. 秸秆还田，培肥地力 玉米收获后，及时将秸秆粉碎翻压还田，培肥地力。

3. 实行机械播种，地膜覆盖 4 月中下旬，用玉米铺膜播种机进行播种，亩播量为

2～2.5千克，1.2米一带，一带一膜，一膜双行，亩保苗3 000～4 000株，播期不能太晚，确保苗全、苗齐、苗匀。

4. 病虫草害综合防治　代县玉米生产中常见和多发的有害生物及病害有：玉米蚜、红蜘蛛、玉米螟、地老虎、蛴螬、蝼蛄、金针虫、丝黑穗病、瘤黑粉病、粗缩病、大小斑病、杂草等。其防治的基本策略是：播种前清洁田园，压低病虫草基数；播种时选用抗、耐病（虫）品种并且选用包衣种子，杜绝种子带菌，消灭苗期病虫害。一旦发生病虫为害及时对症选用农药防治。玉米播后苗前，亩用250～300毫升40％乙莠水悬浮剂对水50千克喷于地表防除杂草。玉米2～6叶期亩用4％烟嘧磺隆油悬浮剂120毫升防治苗期单双子叶杂草。玉米8～10叶期，亩用20％百草枯水剂100～150毫升/对水50～75千克行间定向喷雾防除杂草。在玉米大喇叭口期亩用辛硫磷颗粒剂300～400克撒入玉米心叶内，防治玉米螟。7月下旬后如有红蜘蛛发生，可用阿维菌素进行防治。

5. 适时收获、增粒重、促高产　一般情况下应蜡熟后期收获。

三、玉米施肥技术

1. 氮素的管理

总量控制：施氮量（千克/亩）＝

$$\frac{\text{单位产量需氮量}\times\text{目标产量}/100-\text{土壤速效养分测定值}\times0.15\times\text{矫正系数}}{0.40}$$

目标产量：根据代县近年来的实际，按低、中、高3个肥力等级，目标产量设置为500千克/亩、600千克/亩、700千克/亩、800千克/亩。

单位产量吸氮量：100千克籽粒需氮2.57千克计算。

施肥时期及用量：要求分两次施入，第一次在播种时作基肥施入总量的70％，第二次在大喇叭口期施入总量的30％。

2. 磷、钾的管理　按每生产100千克玉米籽粒需P_2O_5 0.86千克，需K_2O 2.14千克。目标产量为600千克/亩时，亩玉米吸磷量为$600\times0.86/100=5.16$（千克），其中约75％被籽粒带走。当耕地土壤有效磷低于15毫克/千克时，磷肥的管理目标是通过增施磷肥提高作物产量和土壤有效磷含量，磷肥施用量为作物带走量的1.5倍，施磷量（千克/亩）＝5.16千克/亩×75％×1.5；当耕地土壤有效磷为15～25毫克/千克时，磷肥的管理目标是维持现有土壤有效磷水平，磷肥用量等于作物带走量，磷肥量＝5.16/亩×75％；当耕地土壤有效磷高于25毫克/千克时，施磷的增产潜力不大，每亩只适当补充1～2千克P_2O_5即可。

目标产量为600千克/亩时，亩玉米吸钾量为$600\times2.14/100=12.84$（千克），其中约27％被籽粒带走。当耕地土壤速效钾低于100毫克/千克时，钾肥的管理目标是通过增施钾肥提高作物产量和土壤速效钾含量，钾肥施用量为作物带走量的1.5倍，亩施钾量为$12.84\times27％\times1.5$；当耕地土壤速效钾在100～150毫克/千克时，钾肥的管理目标是维持现有土壤速效钾水平，钾肥施用量等于作物的带走量，亩施钾量为：$12.84\times27％$；当耕地土壤速效钾在150毫克/千克以上时，施钾肥的增产潜力不大，一般地块可不施钾肥。

3. 不同地力等级氮、磷、钾肥施用量 见表6-9。

表6-9 代县玉米测土施肥施肥量表

单位：千克/亩

目标产量（千克）	耕地地力等级	氮（N）			磷（P₂O₅）			钾（K₂O）		
		低	中	高	低	中	高	低	中	高
<500	5~6	10	12	13	4	5	6	0	0	0
500	4~5	12	13	15	5	6	7	0	2	3
600	3~4	15	18	20	6	7	8	3	4	5
700	2~3	17	20	21	7	8	9	6	7	8
800	1~2	18	20	22	8	9	10	7	8	9
>800	1	20	22	25	10	11	12	8	9	10

4. 微肥用量的确定 代县土壤多数缺锌，另外又由于土壤有效锌与有效磷呈反比关系，故锌肥的施用量为土壤有效磷较高时，亩施硫酸锌1.5~2千克；土壤有效磷为中时，亩施硫酸锌1~1.5千克，土壤有效磷为低时，亩用0.2%的硫酸锌溶液在苗期连喷2~3次。

第七章 耕地地力调查与质量评价的应用研究

第一节 耕地资源合理配置研究

一、耕地数量平衡与人口发展配置研究

全县现有耕地 60 万亩，2011 年农业人口数量达 17.03 万人，人均耕地为 3.52 亩。从耕地保护形势看，由于全县农业内部产业结构调整、退耕还林还草、公路、乡镇企业基础设施等非农建设占用耕地，导致耕地面积逐年减少。从代县人民的生存和全县经济可持续发展的角度出发，采取措施，实现全县耕地总量动态平衡刻不容缓。

实际上，全县扩大耕地总量仍有很大潜力，只要合理安排，科学规划，集约利用，就完全可以兼顾耕地与建设用地的要求，实现社会经济的全面、可持续发展；从控制人口增长，村级内部改造和居民点调整，退宅还田，围滩造地，开发复垦土地后备资源和废弃地等方面着手增大耕地面积。

二、耕地地力与粮食生产能力分析

（一）耕地粮食生产能力

耕地生产能力是决定粮食产量的决定因素之一。近年来，由于种植结构调整和建设用地，退耕还林还草等因素的影响，粮食播种面积在不断减少，而人口却在不断增加，对粮食的需求量也在增加。为保证全县粮食需求，挖掘耕地生产潜力已成为农业生产中的大事。

耕地的生产能力是由土壤本身肥力作用所决定的，其生产能力分为现实生产能力和潜在生产能力。

1. 现实生产能力 全县现有耕地面积为 60 万亩，而中低产田就有 42.8 万亩之多，占总耕地面积的 71.4%，这必然造成全县现实生产能力偏低的现状。再加之农民对施肥，特别是有机肥的忽视，以及耕作管理措施的粗放，这都是造成耕地现实生产能力不高的原因。2011 年，全县粮食播种面积为 34 万亩，粮食总产量 8 200.49 万千克。

2. 潜在生产能力 生产潜力是指在正常的社会秩序和经济秩序下所能达到的最大产量。从历史的角度和长期的利益来看，耕地的生产潜力是比粮食产量更为重要的粮食安全因素。

代县土地资源较为丰富，土质较好，光热资源充足。全县现有耕地中低于四级，即亩产量小于 500 千克的耕地约占总耕地面积的 50%。经过对全县地力等级的评价得出，全县粮食耕地生产潜力有待挖掘。

纵观全县近年来的粮食、油料、蔬菜作物的平均亩产量和全县农民对耕地的经营状况，全县耕地还有巨大的生产潜力可挖。如果在农业生产中加大有机肥的投入，采取配方施肥措施和科学合理的耕作技术，全县耕地的生产能力还可以提高。从近几年全县对玉米配方施肥观察点经济效益的对比来看，配方施肥区较习惯施肥区的增产率都在 12％ 左右，甚至更高。如果能进一步提高农业投入比重，提高劳动者素质，下大力气加强农业基础建设，特别是农田水利建设，稳步提高耕地综合生产能力和产出能力，实现农林牧业的结合就能增加农民经济收入。

（二）不同时期人口、食品构成对粮食需求分析预测

农业是国民经济的基础，粮食是关系国计民生和国家自立与安全的特殊产品。从新中国成立初期到现在，全县人口数量、食品构成和粮食需求都在发生着巨大变化。新中国成立初期居民食品构成主要以粮食为主，也有少量的肉类食品，水果、蔬菜的比重很小。随着社会进步，生产的发展，人民生活水平逐步提高。到 20 世纪 80 年代初，居民食品构成依然为粮食为主，但肉类、禽类、油料、水果、蔬菜等的比重均有了较大提高。到 2012 年，全县人口增至 21.8 万人，居民食品构成中，粮食所占比重有明显下降，肉类、禽蛋、水产量、乳制品、油料、水果、蔬菜、食糖却都占有相当比重。

全县粮食人均需求按国际通用粮食安全 400 千克计，全县人口自然增长率以 6.2‰ 计，到 2015 年，人口约为 22.21 万人，全县粮食需求总量预计将达 8 884 万千克。因此，人口的增加对粮食的需求产生了极大的影响，也带来了一定的危险性。

全县粮食生产还存在着巨大的增长潜力。随着资本、技术、劳动投入、政策、制度等条件的逐步完善，全县粮食的产出与需求平衡，终将成为现实。

（三）粮食安全警戒线

粮食是人类生存和社会发展最重要的产品，是具有战略意义的特殊商品。粮食安全不仅是国家经济持续健康发展的基础，也是社会安定、国家安全的重要组成部分。2008 年世界粮食危机已给一些国家经济发展和社会安定造成一定不良影响。近年来，受农资价格上涨，种粮效益低等因素影响，农民种粮积极性不高，全县粮食单产徘徊不前，所以必须对全县的粮食安全问题给予高度重视。

2011 年全县的人均粮食占有量 372 千克，而当前国际公认的粮食安全警戒线标准为年人均 400 千克。

三、耕地资源合理配置意见

在确保粮食生产安全的前提下，优化耕地资源利用结构，合理配置其他作物占地比例。为确保粮食安全需要，对全县耕地资源进行如下配置：全县现有 60 万亩耕地，其中 34 万亩用于种植粮食，以满足全县人口粮食需求；其余 26 万亩耕地用于蔬菜、水果、中药材、油料等作物生产。

根据《土地管理法》和《基本农田保护条例》划定全县基本农田保护区，将水利条件、土壤肥力条件好，自然生态条件适宜的耕地划为口粮和国家商品粮生产基地，长期不许占用。在耕地资源利用上，必须坚持基本农田总量平衡的原则。一是建立完善的基本农

田保护制度，用法律保护耕地；二是明确各级政府在基本农田保护中的责任，严控占用保护区内耕地，严格控制城乡建设用地；三是实行基本农田损失补偿制度，实行谁占用、谁补偿的原则；四是建立监督检查制度，严厉打击无证经营和乱占耕地的单位和个人；五是建立基本农田保护基金，县政府每年投入一定资金用于基本农田建设，大力挖掘潜在存量土地；六是合理调整用地结构，用市场经营利益导向调控耕地。

同时，在耕地资源配置上，要以粮食生产安全为前提，以农业增效、农民增收为目标，逐步提高耕地质量，调整种植业结构，推广应用优质、高效、高产、生态、安全栽培技术，生产优质农产品，提高耕地利用率。

第二节　耕地地力建设与土壤改良利用对策

一、耕地地力现状及特点

此次调查与评价共涉及耕地土壤点位 4 100 个，经过历时 3 年的调查分析，基本查清了全县耕地地力现状与特点。

通过对全县土壤养分含量的分析得知：耕地土壤有机质平均含量为 13.16 克/千克，全氮平均含量为 0.71 克/千克，有效磷平均含量为 11.13 毫克/千克，速效钾平均含量为 111.83 毫克/千克，缓效钾平均含量为 792.67 毫克/千克，有效铁平均含量为 7.94 毫克/千克，有效锰平均含量为 10.13 毫克/千克，有效铜平均含量为 1.38 毫克/千克，有效锌平均含量为 1.31 毫克/千克，有效硼平均含量为 0.52 毫克/千克，有效硫平均含量为 23.89 毫克/千克，pH 平均值为 8.12。

（一）耕地土壤养分含量变化明显

从这次调查结果看，随着农业生产的发展及施肥、耕作经营管理水平的变化，耕地土壤有机质及大量元素也随之变化。与1982 年全国第二次土壤普查时的耕层养分测定结果相比，土壤有机质平均含量为 13.16 克/千克，比第二次土壤普查的 11.94 克/千克增加了 1.22 克/千克；全氮平均含量为 0.71 克/千克，比第二次土壤普查的 0.67 克/千克增加了 0.04 克/千克；有效磷平均含量为 11.13 毫克/千克，比第二次土壤普查的 5.24 毫克/千克增加了 5.75 毫克/千克；速效钾平均含量为 111.83 毫克/千克，比第二次土壤普查的 96 毫克/千克增加了 16.33 毫克/千克。

（二）耕作历史悠久，土壤熟化度高

代县农业历史悠久，土质良好，绝大部分耕地质地为轻壤，加之多年的耕作培肥，土壤熟化程度高。据调查，有效土层厚度平均达 150 厘米以上，耕层厚度为 15～25 厘米，适种作物广，生产水平高。

二、存在的主要问题及原因分析

（一）中低产田面积较大

据调查，全县共有中低产田面积 42.8 万亩，占总耕地面积的 71.4%。共分为坡地梯

改型、瘠薄培肥型、干旱灌溉型、盐碱耕地型、障碍层次型 5 种类型。

中低产田面积大，类型多。主要原因：一是自然条件恶劣，全县地形复杂，梁、峁、沟、壑俱全，水土流失严重；二是农田基本建设投入不足，中低产田改造措施不力；三是耕地土壤施肥投入不足，尤其是有机肥施用量仍处于低水平状态。

（二）耕地地力不足，耕地生产率低

全县耕地虽然经过山、水、田、林、路综合治理，农田生态环境不断改善，耕地单产、总产呈现上升趋势。但近年来，农业生产资料价格一再上涨，农业成本较高，甚至出现种粮赔本现象，大大挫伤了农民种粮的积极性。一些农民通过增施化肥取得产量，耕作粗放，结果致使土壤结构变差，造成土壤肥力降低。

（三）施肥结构不合理

作物每年从土壤中带走大量养分，主要是通过施肥来补充，因此，施肥直接影响到土壤中各种养分的含量。近几年来施肥上存在的问题，突出表现在"五重五轻"；第一，重特色产业，轻普通作物。第二，重复混肥料，轻专用肥料。随着我国化肥市场的快速发展，复混（合）肥异军突起，其应用对土壤养分变化也有影响，许多复混（合）肥杂而不专，农民对其依赖性较大，而对于自己所种作物需什么肥料、土壤缺什么元素并不清楚，导致盲目施肥。第三，重化肥使用，轻有机肥使用。近些年来，农民将大部分有机肥施于菜田，特别是优质有机肥，而占很大比重的耕地有机肥却施用不足。第四，重氮磷肥轻钾肥。第五，重大量元素肥轻中微量元素肥。

三、耕地培肥与改良利用对策

（一）多种渠道提高土壤有机质

1. 增施有机肥，提高土壤有机质　近几年，由于农家肥来源不足和化肥的发展，全县耕地有机肥施用量不够。可以通过以下措施加以解决：

（1）广种饲草，增加畜禽，以牧养农。

（2）大力种植绿肥。种植绿肥是培肥地力的有效措施，可以采用粮肥间作或轮作制度。

（3）大力推广秸秆粉碎翻压还田，这是目前增加土壤有机质最有效的方法。

2. 合理轮作，挖掘土壤潜力　不同作物需求养分的种类和数量不同，根系深浅不同，各种作物遗留残体成分也有较大差异。因此，通过不同作物合理轮作倒茬，保障土壤养分平衡。要大力推广粮、油轮作，经、粮间作，立体种植等技术模式，实现土壤养分协调利用。

（二）巧施氮肥

速效性氮肥极易分解，通常施入土壤中的氮素化肥的利用率只有 25％～50％，或者更低。这说明施入土壤中的氮素，挥发渗漏损失严重。所以在施用氮肥时一定要注意施肥量、施肥方法和施肥时期，提高氮肥利用率，减少损失。

（三）重施磷肥

代县地处黄土高原，大多为石灰性土壤，土壤中的磷常被固定，而不能发挥肥效。加上长期以来群众重氮轻磷，作物吸收的磷得不到及时补充。试验证明，在缺磷土壤上增施磷肥增产效果明显，配合增施人粪尿、畜禽肥等有机肥，其中的有机酸和腐殖酸可以促进非水溶性磷的溶解，提高磷素的活性。

（四）因土施用钾肥

全县土壤中钾的含量虽然在短期内不会成为限制农业生产的主要因素，但随着农业生产进一步发展和作物产量的不断提高，土壤中有效钾的含量也会处于不足状态，所以在生产中，定期监测土壤中钾的动态变化，及时补充钾素。

（五）注重施用微肥

微量元素肥料，作物的需要量虽然很少，但对提高农产品产量和品质却有大量元素不可替代的作用。据调查，全县土壤硼、锌等含量均不高，近年来谷子施硼、玉米施锌施钾试验，增产效果很明显。

（六）因地制宜，改良中低产田

全县中低产田面积比例大，影响了耕地地力水平。因此，要从实际出发，分类配套改良技术措施，进一步提高全县耕地地力质量。

四、成果应用与典型事例

典型1：代县阳明堡镇中低产田改造综合技术应用

阳明堡镇位于代县城西9千米，总耕地面积6万亩，其中中低产田4万亩。种植作物以玉米、谷黍等为主，其中玉米面积占总面积的1/3。年降水量400毫米左右，无霜期140～160天，土壤有机质含量为13.8克/千克，碱解氮70毫克/千克，有效磷6.5毫克/千克，速效钾90毫克/千克。1995年开始，在阳明堡镇的南关、东关、堡内、泊水、徐村、小寨6个村的中低产田推广了玉米整秆翻压还田技术，2011年面积达到2万亩，现将其经验总结如下：

1. 实施秸秆翻压还田 秋季玉米穗收获后，用铁牛-55拖拉机配套高柱犁将直立玉米整秆翻压入土中，第二年春天施肥后，用旋耕机旋耕后再播种。

2. 配套了科技措施 选择大丰2号、铁单20、郑单958、永玉3号等高产、抗病优种种植。采用配方施肥技术，一般亩基施尿素25千克，过磷酸钙60千克，硫酸钾15千克。根据品种特性，一般亩留苗3 000～4 000株。及时防治病虫害，选用包衣种子，防止黑穗病、黑粉病发生；玉米螟发生较严重的地块，应用辛硫磷颗粒剂撒入心叶内，亩用量1.5千克进行防治。用乙莠除草剂在玉米播后苗前，亩用250～300毫升对水50千克喷于地表防除杂草。一般中耕2次，第一次要早、深，在4～5叶期进行，深度10～15厘米，以利于提高地温；第二次结合中耕要培土，防止倒伏；玉米大喇叭口期亩追施尿素10千克。

3. 取得明显的经济效益 阳明堡镇连续17年集中在中低产田搞玉米整秆翻压还田技术，土壤墒情、容重、养分含量有了较大改善，产量明显提高。

从表7-1中可知，玉米整秆翻压还田较对照不覆盖田的土壤含水量在播种期高2.03个百分点，拔节期高1.90个百分点，喇叭期高1.75个百分点，灌浆期高1.70个百分点，成熟期高1.82个百分点。

表7-1 土壤0～20厘米含水量测定记载

单位：%

处理	播种期	拔节期	喇叭期	灌浆期	成熟期
翻压还田	11.25	11.70	10.65	18.25	10.67
未还田（CK）	9.22	9.80	8.90	16.55	8.85
增减	＋2.03	＋1.90	＋1.75	＋1.70	＋1.82

表7-2 土壤容重测定记载

单位：克/厘米³

处理	0～25厘米	25～50厘米
翻压还田	1.05	1.25
未还田（CK）	1.18	1.36
增减	−0.13	−0.11

从表7-2中可知，玉米整秆翻压还田较对照不覆盖田，0～25厘米土壤容重减少0.13克/厘米³，25～50厘米土壤容重减少0.11克/厘米³。

表7-3 土壤养分测定记载

处理	有机质（克/千克）		碱解氮（毫克/千克）		有效磷（毫克/千克）		速效钾（毫克/千克）	
	0～25厘米	25～50厘米	0～25厘米	25～50厘米	0～25厘米	25～50厘米	0～25厘米	25～50厘米
翻压还田	13.8	8.9	70	67	6.5	4	90	82
未还田（CK）	10.8	8.6	65.2	64	5.5	4	85	80
增减	＋3	＋0.3	＋4.80	＋3	＋1	0	＋5	＋2

从表7-3中可知，玉米整秆翻压还田较对照不覆盖田，0～25厘米土壤有机质增加3克/千克，解碱氮增加4.80毫克/千克，有效磷增加1毫克/千克，速效钾增加5毫克/千克。

经多点测产，翻压还田玉米平均亩产520千克，较对照不还田亩产450千克，亩增产70千克，增产率15.56％，亩增收140元，除去翻压还田亩投资35元，净增收105元。万亩示范区共增加产量70万千克，增加收入140万元。

典型2：代县枣林镇二十里铺村测土配方施肥技术应用

代县枣林镇二十里铺村地处代县城东10千米处，全村380户，1 320人，耕地面积为3 140亩，人均耕地2.37亩，劳动力570人，其中从事主导产业的劳动力380人，占全村劳动力的 67％。二十里铺村属温带大陆性半干旱气候，四季分明，日照充足，年平均降水量 442.2 毫米，年平均蒸发量 1 700 毫米，年≥10℃的积温 3 225.9℃，无霜期 160 天左右，年日照时数 2 863.6 小时。2010 年全村人均纯收入 2 039 元。耕地土壤类型以褐土为主。种植制度一年一熟为主，种植以玉米为主，2009 年前玉米亩产量 500 千克左右，施肥习惯为玉米亩施硝酸磷 40 千克，盲目施肥和低投入是农业生产主要症结。2009—2011 年实施测土配方以来，该村农业生产悄然发生了变化，玉米亩产量由 500 千克提高到 600 千克，增加经济效益 20 万元。

1. 宣传培训抓到村、家家都有明白人　为了把测土配方施肥技术在二十里铺村扎扎实实落实到每一户，每一块地，市、县农业技术推广中心技术人员深入到村，举办了 3 期培训班，就测土配方施肥的原理、方法、效益进行了详细介绍，受训人员达 480 人次，使全村家家户户都有 1 名掌握测土配方施肥技术的明白人。同时我们把测土配方施肥宣传挂图发到每一户，组织观看测土配方宣传光盘 12 次，观看农民达 400 人次。使全村农民都基本掌握了各种肥料的特性、功能和科学使用方法。

2. 依靠市、县土肥站，庄稼吃上"营养餐"　测土配方施肥技术的核心是测土，测土的准确性是决定配方施肥成败的关键。为了使土壤测定结果准确、代表性全面，县农业技术推广中心根据该村的特点，制订了详细的采土方案。全村共化验土壤样品 25 个，每个土样分析项目 20 项，根据化验结果统计，全村土壤有机质含量为 11.23 克/千克，碱解氮 45.5 毫克/千克，有效磷含量为 7.8 毫克/千克，速效钾含量为 87.34 毫克/千克，其他微量元素含量都在临界值以上。根据玉米的目标产量、作物需肥量、土壤供肥量、肥料利用率和肥料中有效养分含量五大参数，应用养分平衡法计算出需肥量，为农民发放了配方施肥建议卡 500 份，全村玉米测土配方施肥技术推广应用率达到 100％。

第三节　农业结构调整与适宜性种植

近些年来，全县农业的发展和产业结构调整工作取得了突出的成绩，但干旱、盐碱胁迫严重，土壤肥力低，抗灾能力薄弱，生产结构不良等问题，仍然十分严重。因此，为适应 21 世纪我国农业发展的需要，增强代县优势农产品参与市场竞争的能力，有必要进一步对全县的农业结构现状进行战略性调整，从而促进全县高效农业的发展，实现农民增收。

一、农业结构调整的原则

为适应我国社会主义农业现代化的需要，在调整种植业结构中，遵循下列原则：

一是与国际农产品市场接轨，以增强全县农产品在国际、国内经济贸易中的竞争力为原则。

二是以充分利用不同区域的生产条件、技术装备水平及经济基础条件，达到趋利避害，发挥优势的调整原则。

三是以充分利用耕地评价成果，正确处理作物与土壤间、作物与作物间的合理调整为原则。

四是采用耕地资源管理信息系统，为区域结构调整的可行性提供宏观决策与技术服务的原则。

五是保持行政村界线的基本完整的原则。

根据以上原则，在今后一段时间内将紧紧围绕农业增效、农民增收这个目标，大力推进农业结构战略性调整，最终提升农产品的市场竞争力，促进农业生产向区域化、优质化、产业化方向发展。

二、农业结构调整的依据

通过本次对全县种植业布局现状的调查和综合验证，认识到目前的种植业布局还存在许多问题，需要在区域内部加大调整力度，进一步提高生产力和经济效益。

根据此次耕地质量的评价结果，安排全县的种植业内部结构调整，应依据不同地貌类型耕地综合生产能力和土壤环境质量两方面的综合考虑，具体为：

一是按照不同地貌类型，因地制宜规划，在布局上做到宜农则农，宜林则林，宜牧则牧。

二是按照耕地地力评价出1~6个等级标准，在各个地貌单元中所代表面积的数值衡量，以适宜作物发挥最大生产潜力来分布，做到高产高效作物分布在一级、二级耕地为宜，中低产田应在改良中调整。

三是按照土壤环境的污染状况，在面源污染、点源污染等影响土壤健康的障碍因素中，以污染物质及污染程度确定，做到该退则退，该治理的采取消除污染源及土壤降解措施，达到无公害绿色产品的种植要求，来考虑作物种类的布局。

三、土壤适宜性及主要限制因素分析

代县土壤因成土母质不同，土壤质地也不一致，总的来说，全县的土壤大多为轻壤质地，在农业上是一种质地理想的土壤，其性质兼有沙土和壤土之优点，而克服了沙土和黏土的缺点。它既有一定数量的大孔隙，还有较多的毛细管孔隙，故通透性好，保水保肥性较强，耕性好，宜耕期长，好促苗，发小又养老。

因此，综合以上土壤特性，全县土壤适宜性强，玉米、水稻、高粱、马铃薯、大豆、黍谷等粮食作物及经济作物，如蔬菜、西瓜、药材、苹果、梨等都适宜在全县种植。

但种植业的布局除了受土壤质地作用外，还要受到地理位置、水分条件等自然因素和经济条件的限制，在山地、丘陵等地区，由于此地区沟壑纵横，土壤肥力较低，土壤较干旱，气候凉爽，农业经济条件也较为落后。因此，要在管理好现有耕地的基础上，将资金和技术逐步转移到非耕地的开发上，大力发展林、牧业，建立农、林、牧结合的生态体系，使其成为林、牧产品生产基地。在沿河地区由于土地平坦，水源较丰富，是全县土壤肥力较高的区域，故应充分利用地理、经济、技术优势，在不放松粮食生产的前提下，积极开展多种经营，实行粮、菜、果全面发展。

在种植业的布局中，必须充分考虑到各地的自然条件、经济条件，合理利用自然资源，对布局中遇到的各种限制因素，应考虑到它影响的范围和改造的可行性，合理布局生产，最大限度地、持久地发掘自然的生产潜力，做到地尽其力。

四、种植业布局分区建议

根据代县种植业结构调整的原则和依据，结合本次耕地地力调查与质量评价结果，将代县划分为两大产业带，即滹沱河沿岸的高效农业种植带和南北两半坡的小杂粮、干鲜果种植带。

（一）滹沱河沿岸的高效农业种植带

1. 区域特点　本区土壤肥沃，地势平坦，交通便利，主要为代县的一级、二级耕地。适宜发展优质、高效农业。

2. 发展方向　坚持"以市场为导向、以效益为目标"的原则，主攻玉米、水稻、蔬菜的生产，建立无公害、绿色、有机蔬菜生产基地。该区域发展无公害大田蔬菜和设施蔬菜 4 万亩，优质玉米 15 万亩，建设 10 个万亩玉米高产示范方，玉米单产达到 600 千克/亩，蔬菜亩收入达到 3 000 元，设施蔬菜亩收入达到 30 000 元。

3. 主要保障措施

（1）良种良法配套，提高品质，增加产出，增加效益。

（2）增施有机肥料，有效提高土壤有机质含量。

（3）重点建好日光温室基地，发展无公害、绿色、有机果菜，提高市场竞争力。

（4）加强技术培训，提高农民素质。

（二）南北两半坡的小杂粮、干鲜果种植带

1. 区域特点　本区地广人稀，土壤贫瘠，沟壑纵横。

2. 种植业发展方向　本区以小杂粮、干鲜果为发展方向，大力发展大豆、红芸豆、谷子、黍子、绿豆、葵花等作物和酥梨、玉露香梨、苹果、核桃、仁用杏等干鲜果，按照市场需求和粮食加工业的要求，优化结构，合理布局，引进新优品种，建立无公害、绿色食品生产基地。

3. 主要保障措施

（1）加大土壤培肥力度，全面推广多种形式的秸秆还田技术，增施有机肥，以增加土壤有机质，改良土壤理化性状。

（2）注重作物合理轮作，坚决杜绝连茬多年的习惯。

（3）全力以赴搞好绿色、无公害、有机农产品基地建设，通过标准化建设、模式化管理、无害化生产技术应用，使基地取得明显的经济效益和社会效益。

（4）搞好测土配方施肥，增加微肥的施用。

（5）进一步抓好平田整地，整修梯田，建设三保田。

（6）积极推广旱作技术和高产综合配套技术，提高科技含量。

五、农业远景发展规划

代县农业的发展，应进一步调整和优化农业结构，全面提高农产品品质和经济效益，建立和完善全县耕地质量管理信息系统，随时服务布局调整，从而有力促进全县农村经济的快速发展。现根据各地的自然生态条件、社会经济条件，特提出 2015 年远景发展规划如下：

一是全县粮食占有耕地 34 万亩，平均亩产 300 千克，总产量 10 200 万千克以上。

二是集中在南北两半坡建设双 10 万亩干果基地，即核桃 10 万、仁用杏 10 万。

三是在南北两半坡建设以红芸豆、谷子、黍子、大豆为主的优质小杂粮生产基地 8 万亩，平均亩产 180 千克，总产量达到 1 440 万千克。

四是实施无公害、绿色、有机农产品生产基地建设工程。即到 2015 年无公害、绿色、有机马铃薯、谷子、大豆、黍子、蔬菜生产基地发展到 14 万亩；无公害、绿色、有机玉米生产基地发展到 6 万亩；到 2015 年无公害、绿色、有机农产品认证 30 个。

五是建立万亩日光温室、塑料大棚反季节设施蔬菜生产基地，总产值 2 亿元。

综上所述，面临的任务是艰巨的，困难也是很大的，所以要下大力气克服困难，努力实现既定目标。

第四节　耕地质量管理对策

一、建立依法管理体制

耕地地力调查与质量评价成果为全县耕地质量管理提供了依据，耕地质量管理决策的制定，成为全县农业可持续发展的核心内容。

（一）工作思路

以发展优质、高产、高效、生态、安全农业为目标，以耕地质量动态监测管理为核心，以耕地地力改良利用为重点，满足人民日益增长的农产品需求。

（二）建立完善的行政管理机制

1. 制订总体规划　坚持"因地制宜、统筹兼顾，局部调整、挖掘潜力"的原则，制定全县耕地地力建设与土壤改良利用总体规划。实行耕地用养结合，划定中低产田改良利用范围和重点，分区制订改良措施，严格统一组织实施。

2. 建立依法保障体系　制定并颁布《代县耕地质量管理办法》，设立专门监测管理机构，县、乡、村三级设定专人监督指导，分区布点，建立监控档案，依法检查污染区域项目治理工作，确保工作高效到位。

3. 加大资金投入　县政府要加大资金支持，县财政每年从农发资金中列支专项资金，用于全县中低产田改造和耕地污染区域综合治理，建立财政支持下的耕地质量信息网络，推进工作有效开展。

（三）强化耕地质量技术实施

1. 提高土壤肥力　组织县、乡农业技术人员实地指导，组织农户合理轮作，配方施肥，安全施药、施肥，推广秸秆还田、种植绿肥、施用生物菌肥，多种途径提高土壤肥力，降低土壤污染，提高土壤质量。

2. 改良中低产田　实行分区改良，重点突破。灌溉改良区重点增加二级阶地深井数量，扩大灌溉面积；丘陵、山区中低产区要广辟肥源，深耕保墒，轮作倒茬，粮草间作，扩大植被覆盖率，修整梯田，达到增产增效目标。

二、建立和完善耕地质量监测网络

随着全县工业化进程的不断加快，工业污染日益严重，在重点工业生产区域建立耕地质量监测网络已迫在眉睫。

1. 设立组织机构　耕地质量监测网络建设，涉及环保、土地、水利、经贸、农业等多个部门，需要县政府协调支持，成立依法行政管理机构。

2. 配置监测机构　由县政府牵头，各职能部门参与，组建代县耕地质量监测领导组，在县农委下设办公室，设定专职领导与工作人员，制订工作细则和工作制度，强化监测手段，提高行政监测效能。

3. 加大宣传力度　采取多种途径和手段，加大《中华人民共和国环境保护法》宣传力度，在重点排污企业及周围乡村印刷宣传广告，大力宣传环境保护政策及科普知识。

4. 建立监测网络　在全县依据此次耕地质量调查评价结果，划定安全、非污染、轻污染、中度污染、重污染五大区域，每个区域确定 10～20 个点，定人、定时、定点取样监测检验，填写污染情况登记表，建立耕地质量监测档案。对污染区域的污染源，要查清原因，由县耕地质量监测机构依据检测结果，强制企业污染限期限时达标治理。对未能限期达标企业，一律实行关停整改，达标后方可生产。

5. 加强农业执法管理　由代县农业、环保、质检行政部门组成联合执法队伍，宣传农业法律知识，对市场化肥、农药实行市场统一监控、统一发布，将假冒农用物资一律依法查封销毁。

6. 改进治污技术　对不同污染企业采取烟尘、污水、污渣分类科学处理转化。对工业污染河道及周围农田，采取有效物理、化学降解技术，降解汞、镍及其他金属污染物，并在河道两岸 50 米栽植花草、林木，净化河水，美化环境；对化肥、农药污染农田，要划区治理，积极利用农业科研成果，组成科技攻关组，引试降解剂，逐步消解污染物。

7. 推广农业综合治理技术　在增施有机肥降解大田农药、化肥及垃圾废弃物污染的同时，积极宣传推广微生物菌肥，以改善土壤的理化性状，改变土壤溶液酸碱度，改善土壤团粒结构，减轻土壤板结，提高土壤保水、保肥性能。

三、农业税费政策与耕地质量管理

目前，农业税费的改革政策必将极大调动农民生产积极性，成为耕地质量恢复与提高的内在动力，对全县耕地质量的提高具有以下几个作用：

1. 加大耕地投入，提高土壤肥力 全县中低产田分布区域广，粮食生产能力较低。税费改革政策的落实有利于提高单位面积耕地养分投入水平，逐步改善土壤养分含量，改善土壤理化性状，提高土壤肥力，保障粮食产量恢复性增长。

2. 改进农业耕作技术，提高土壤生产性能 农民积极性的调动，成为耕地质量提高的内在动力，将促进农民平田整地，耙耱保墒，加强耕地机械化管理，缩减中低产田面积，提高耕地地力等级水平。

3. 采用先进农业技术，增加农业比较效益 采取有机旱作农业技术，合理优化适栽技术，加强田间管理，节本增效，提高农业比较效益。

农民以田为本，以田谋生，农业税费政策出台以后，土地属性发生变化，农民由有偿支配变为无偿使用，成为农民家庭财富一部分，对农民增收和国家经济发展将起到积极的推动作用。

四、扩大无公害、绿色、有机农产品生产规模

在国际农产品质量标准市场一体化的形势下，扩大全县无公害、绿色、有机农产品生产成为满足社会消费需求和农民增收的关键。

（一）理论依据

综合评价结果，耕地无污染，果园无污染，适宜生产无公害、绿色、有机农产品，适宜发展绿色农业。

（二）扩大生产规模

在全县发展绿色、有机、无公害农产品，扩大生产规模，要以耕地地力调查与质量评价结果为依据，充分发挥区域比较优势，合理布局，规模调整，实施"无公害、绿色、有机农产品生产基地建设"工程。到 2015 年无公害、绿色、有机马铃薯、谷子、大豆、黍子、蔬菜生产基地发展到 14 万亩；无公害、绿色、有机玉米生产基地发展到 6 万亩；到 2015 年无公害、绿色、有机农产品认证 30 个。

（三）配套管理措施

1. 建立组织保障体系 成立代县无公害农产品生产领导组，下设办公室，地点在县农委。组织实施项目列入县政府工作计划，单列工作经费，由县财政负责执行。

2. 加强质量检测体系建设 成立县级无公害、绿色、有机农产品质量检验技术领导组，下设县、乡两级监测检验网点，配备设备及人员，制定工作流程，强化监测检验手段，提高监测检验质量，及时指导生产基地技术推广工作。

3. 制定技术规程 组织技术人员制定全县无公害农产品生产技术操作规程，重点抓好配方施肥，合理施用农药，细化技术环节，实现标准化生产。

4. 打造品牌 重点打造好无公害、绿色、有机玉米、谷子、大豆、马铃薯、蔬菜等品牌农产品的生产经营。

五、加强农业综合技术培训

自 20 世纪 80 年代起，全县就建立起县、乡、村三级农业技术推广网络。由代县农业技术推广中心牵头，搞好技术项目的组织与实施，负责划区技术指导。行政村配备 1 名科技副村长，在全县设立农业科技示范户。先后开展了玉米、马铃薯、谷子、大豆、蔬菜等作物优质高产高效生产技术培训，推广了旱作农业、生物覆盖、地膜覆盖、双千创优工程及设施蔬菜综合配套技术。

现阶段，全县农业综合技术培训工作一直保持领先，有机旱作、测土配方施肥、生态沼气、无公害蔬菜生产技术推广已取得明显成效。要充分利用这次耕地地力调查与质量评价，主抓以下几方面技术培训：①宣传加强农业结构调整与耕地资源有效利用的目的及意义；②全县中低产田改造和土壤改良相关技术推广；③耕地地力环境质量建设与配套技术推广；④有机、绿色、无公害农产品生产技术操作规程；⑤农药、化肥安全施用技术培训；⑥农业环境保护相关法律、法规的宣传培训。

通过技术培训，使全县农民掌握必要的知识与生产实用技术，推动耕地地力建设，提高农业生态环境、耕地质量环境的保护意识，发挥主观能动性，不断提高全县耕地地力水平，以满足日益增长的人口和物质生活需求，为全面建设小康社会打好农业发展基础平台。

第五节　耕地资源管理信息系统的应用

耕地资源信息系统以一个县行政区域内耕地资源为管理对象，应用 GIS 技术，对辖区内的地形、地貌、土壤、土地利用、农田水利、土壤污染、农业生产基本情况、基本农田保护区等资料进行统一管理，构建耕地资源基础信息系统，并将其数据平台与各类管理模型结合，对辖区内的耕地资源进行系统的动态管理，为农业决策、农民和农业技术人员提供耕地质量动态变化规律、土壤适宜性、施肥咨询、作物营养诊断等多方位的信息服务。

本系统行政单元为村，农业单元为基本农田保护块，土壤单元为土种，系统基本管理单元为土壤、基本农田保护块、土地利用现状叠加所形成的评价单元。

一、领导决策依据

这次耕地地力调查与质量评价直接涉及耕地自然要素、环境要素、社会要素及经济要素 4 个方面，为耕地资源信息系统的建立与应用提供了依据。通过全县生产潜力评价、适宜性评价、土壤养分评价、科学施肥、经济性评价，地地力评价及产量预测，及时指导农业生产与发展，为农业技术推广应用做好信息发布，为用户需求分析及信息反馈打好基础。主要依据：一是全县耕地地力水平和生产潜力评估为农业远期规划和全面建设小康社会提供了保障；二是耕地土壤适宜性及主要限制因素分析为全县农业调整提供了依据。

二、动态资料更新

这次全县耕地地力调查与质量评价中，耕地土壤生产性能主要包括地形部位、土体构型、较稳定的理化性状、易变化的化学性状、农田基础建设5个方面。耕地地力评价标准体系与1982年土壤普查技术标准出现部分变化，耕地要素中基础数据有大量变化，为动态资料更新提供了新要求。

（一）耕地地力动态资源内容更新

1. 评价技术体系有较大变化　这次调查与评价主要运用了"3S"评价技术。在技术方法上，采用了文字评述法、专家经验法、模糊综合评价法、层次分析法、指数法；在技术流程上，应用了叠置法确定评价单元，空间数据与属性数据相连接；采用特尔菲法和模糊综合评价法，确定评价指标；应用层次分析法确定各评价因子的组合权重，用数据标准化计算各评价因子的隶属函数，并将数值进行标准化；应用累加法计算每个评价单元的耕地地力综合评价指数，分析综合地力指数，分布划分地力等级，将评价的地方等级归入农业部地力等级体系。采取GIS、GPS系统编绘各种养分图和地力等级图等图件。

2. 评价内容有较大变化　除原有地形部位、土体构型等基础耕地地力要素相对稳定以外，土壤物理性状、易变化的化学性状、农田基础建设等要素变化较大，尤其是土壤容重、有机质、pH、有效磷、速效钾指数变化明显。

3. 增加了耕地质量综合评价体系　土样化验检测结果为全县绿色、无公害、有机农产品基地建立和发展提供了理论依据。图件资料的更新变化，为今后全县农业宏观调控提供了技术准备，空间数据库的建立为全县农业综合发展提供了数据支持，加速了全县农业信息化快速发展。

（二）动态资料更新措施

结合这次耕地地力调查与质量评价，全县及时成立技术指导组，确定专门技术人员，从土样采集、化验分析、数据资料整理编辑，电脑网络连接畅通，保证了动态资料更新及时、准确，提高了工作效率和质量。

三、耕地资源合理配置

（一）目的意义

多年来，全县耕地资源盲目利用，低效开发，重复建设情况十分严重。随着农业经济发展方向的不断延伸，农业结构调整缺乏借鉴技术和理论依据。这次耕地地力调查与质量评价成果对指导全县耕地资源合理配置，逐步优化耕地利用质量水平，提高土地生产性能和产量水平具有现实意义。

全县耕地资源合理配置思路是：以确保粮食安全为前提，以耕地地力质量评价成果为依据，以统筹协调发展为目标，用养结合，因地制宜，内部挖掘，发挥耕地最大生产效益。

（二）主要措施

1. 加强组织管理，建立健全工作机制 县政府要组建耕地资源合理配置协调管理工作体系，由农业、土地、环保、水利、林业等职能部门分工负责，密切配合，协同作战。技术部门要抓好技术方案制订和技术宣传培训工作。

2. 加强农田环境质量检测，抓好布局规划，将企业列入耕地质量检测范围 企业要加大资金投入和技术改造，降低"三废"对周围耕地污染，因地制宜大力发展有机、绿色、无公害农产品优势生产基地。

3. 加强耕地保养利用，提高耕地能力 依照耕地地力等级划分标准，划定全县耕地地力分布界限，推广配方施肥技术，加强农田水利基础设施建设，平田整地，淤地打坝，中低产田改良，植树造林，扩大植被覆盖面，防止水土流失，提高园（梯）田化水平。采用机械耕作，加深耕层，熟化土壤，改善土壤理化性状，提高土壤保水保肥能力。划区制订技术改良方案，将全县耕地地力水平分级划分到村、到户、建立耕地改良档案，定期定人检查验收。

4. 重视粮食生产安全，加强耕地利用和保护管理 根据全县农业发展远景规划目标，要十分重视耕地利用保护与粮食生产之间的关系。人口不断增长，耕地逐步减少，要解决好建设与吃饭的关系，合理利用耕地资源，实现耕地总面积动态平衡，解决人口增长与耕地矛盾，实现农业经济和社会可持续发展。

总之，耕地资源配置，主要是各土地利用类型在空间上的整体布局；另一层含义是指同一土地利用类型在某一地域中是分散配置还是集中配置。耕地资源空间分布结构折射出其地域特征，而合理的空间分布结构可在一定程度上反映自然生态和社会经济系统间的协调程度。耕地的配置方式，对耕地产出效益的影响截然不同。经过合理配置，农村耕地相对规模集中，既利于农业管理，又利于减少投工投资，耕地的利用率将有较大提高。

具体措施：一是严格执行《基本农田保护条例》，增加土地投入，大力改造中低产田，使农田数量与质量稳步提高。二是园地面积要适当调整，淘汰劣质果园，发展优质果品生产基地。三是林草地面积适量增长，加大"四荒"（荒山、荒坡、荒沟、荒滩）拍卖开发力度，种草植树，力争森林覆盖率达到30%，牧草面积占到耕地面积的2%以上。四是搞好河道、滩涂地有效开发，增加可利用耕地面积。五是加大小流域综合治理力度，在搞好耕地整治规划的同时，治山治坡、改土造田、基本农田建设与农业综合开发结合进行。六是要采取措施，严控企业占地，严控农村宅基地占用一级、二级耕地，加大废旧砖窑和农村废弃宅基的返田改造，盘活耕地存量，"开源"与"节流"并举。七是加快耕地使用制度改革，实行耕地使用证发放制度，促进耕地资源的有效利用。

四、科学施肥体系的建立

（一）科学施肥体系建立

代县配方施肥工作起步较早，最早始于20世纪70年代末定性的氮磷配合施肥，80年代初为半定量的初级配方施肥。90年代以来，有步骤定期开展土壤肥力测定，逐步建立了适合全县不同作物、不同土壤类型的施肥模式。在施肥技术上，提倡"增施有机肥，稳施氮肥，增施磷肥，补施钾肥，配施微肥和生物菌肥"。

随着农业生产的发展及施肥、耕作经营管理水平的变化，耕地土壤有机质及大量元素也随之变化。与 1982 年全国第二次土壤普查时的耕层养分测定结果相比，土壤有机质平均含量为 13.16 克/千克，比第二次土壤普查的 11.94 克/千克增加了 1.22 克/千克；全氮平均含量为 0.71 克/千克，比第二次土壤普查的 0.67 克/千克增加了 0.04 克/千克；有效磷平均含量为 11.13 毫克/千克，比第二次土壤普查的 5.89 毫克/千克增加了 5.24 毫克/千克；速效钾平均含量为 111.83 毫克/千克，比第二次土壤普查的 95.5 毫克/千克增加了 16.33 毫克/千克。

1. 调整施肥思路　以节本增效为目标，立足抗旱栽培，着力提高肥料利用率，采取"巧氮、增磷、补钾、配微"原则，坚持有机肥与无机肥相结合，合理调整养分比例，按耕地地力与作物类型分期施肥，科学施用。

2. 施肥方法

(1) 因土施肥：不同土壤类型，保肥、供肥性能不同。对土体构型为通体型的土壤，一般将肥料作基肥和追肥两次施用效果最好；对沙土、夹沙土等构型土壤，肥料特别是氮肥应少量多次施用。

(2) 因品种施肥：肥料品种不同，施肥方法也不同。对碳酸氢铵等易挥发性化肥，必须集中深施覆土，一般为 10～20 厘米；尿素为高浓度中性肥料，作底肥和叶面喷施效果最好，在旱地做基肥集中条施；磷肥易被土壤固定，要与农家肥混合堆沤后施用，常作基肥和种肥，要集中沟施，且忌撒施土壤表面。

(3) 因苗施肥：对基肥充足，生长旺盛的田块，要少量控制氮肥，少追或推迟追肥时期；对基肥不足，生长缓慢田块，要施足基肥，多追或早追氮肥；对后期生长旺盛的田块，要控氮补磷施钾。

3. 选定施用时期　因作物选定施肥时期。玉米追肥宜选在拔节期和大喇叭口期，同时可采用叶面喷施锌肥；马铃薯追肥宜选在开花前；谷黍追肥宜选在拔节期；叶面喷肥宜选在孕穗期和扬花期，喷肥时间选择要看天气，要选无风、晴朗的天气喷肥，早上 8—9 点以前或下午 16 点以后喷施。

4. 选择适宜的肥料品种和合理的施用量　在品种选择上，增施有机肥、高温堆沤积肥、生物菌肥；严格控制硝态氮肥施用，忌在忌氯作物上施用氯化钾，提倡施用硫酸钾肥，补施铁肥、锌肥、硼肥等微量元素化肥。在化肥用量上，要坚持无害化施用原则，一般菜田，亩施腐熟农家肥 3 000～5 000 千克、尿素 25～30 千克、磷肥 40 千克、钾肥 10～15 千克。日光温室以番茄为例，一般亩产 6 000 千克，亩施有机肥 4 500 千克、氮肥 (N) 25 千克、磷 (P_2O_5) 23 千克，钾肥 (K_2O) 16 千克，配施适量硼、锌、铁、锰、钼等微量元素肥。

(二) 体制建设

在全县建立科学施肥与灌溉制度，农业技术部门要严格细化相关施肥技术方案，积极宣传和指导；水利部门要抓好淤地打坝等农田基本建设；林业部门要加大荒山、荒坡植树造林、绿化环境，改善气候条件，提高年际降水量；农业环保部门要加强基本农田及水污染的综合治理，改善耕地环境质量和灌溉水质量。

五、信息发布与咨询

耕地地力、质量信息发布与咨询，直接关系到耕地地力水平的提高，关系到农业结构调整与农民增收目标的实现。

（一）体系建立

以代县农业技术部门为依托，在山西省、忻州市农业技术部门的支持下，建立耕地地力与质量信息发布咨询服务体系，建立相关数据资料展览室，将全县土壤、土地利用、农田水利、土壤污染、基本农田保护区等相关信息融入电脑网络之中，充分利用县、乡两级农业信息服务网络，对辖区内的耕地资源进行系统的动态管理，对农业生产和结构调整做好耕地质量动态变化、土壤适宜性、施肥咨询、作物营养诊断等多方位的信息服务。在乡村建立专门试验示范生产区，专业技术人员要做好协助指导管理，为农户提供技术、市场、物资供求信息，定期记录监测数据，实现规范化管理。

（二）信息发布与咨询服务

1. 农业信息发布与咨询　重点抓好粮食、蔬菜、油料等适栽品种供求动态、适栽管理技术、无公害农产品化肥和农药科学施肥技术、农田环境质量技术标准的入户宣传、编制通俗易懂的文字、图片发放到每家农户。

2. 开辟空中课堂抓宣传　充分利用覆盖全县的电视传媒信号，定期做好专题资料宣传，并设立信息咨询服务电话热线，及时解答和解决农民提出的各种疑难问题。

3. 组建农业耕地环境质量服务组织　在全县乡村选拔科技骨干及科技副乡长，统一组织耕地地力与质量建设技术培训，组成农业耕地地力与质量管理服务队，建立奖罚机制，鼓励他们建言献策，提供耕地地力与质量方面信息和技术思路，服务于全县农业发展。

4. 建立完善执法管理机构　成立由县土地、环保、农业等行政部门组成的综合行政执法决策机构，加强对全县农业环境的执法保护。开展农资市场打假，依法保护利用土地，监控企业污染，净化农业发展环境。同时配合宣传相关法律、法规，让群众家喻户晓，自觉接受社会监督。

第六节　代县辣椒耕地适宜性分析报告

代县辣椒是全国四大辣椒产地之一，辣椒皮厚、色红、油性大、品质优良，早在20世纪70年代就远销海内外。近年来随着全向实业有限公司辣椒生产线项目的建成投产，年可加工干辣椒1.8万吨，可带动2万农户种植辣椒5万亩，加工产值近1亿元，成长为当地百姓增加收入的支柱产业。

一、无公害辣椒生产条件的适宜性分析

代县辣椒种植区域属温带大陆性半干旱气候，光热资源丰富，雨热同季集中，年平均降水量442.2毫米，年平均日照时数2 863.6小时，年平均气温为8.4℃，全年无霜期

100～170 天，≥10℃的积温达 3 225.9℃，土壤类型以褐土和潮土为主，理化性能较好，为辣椒生产提供了有利的环境条件。

二、无公害辣椒生产技术要求

（一）引用标准
GB 4285　　农药安全使用标准

GB/T 8321　　农药合理使用标准

GB 16715.3—1999　　瓜菜作物种子　茄果类

NY 5005—2008　　无公害食品　茄果类蔬菜

NY 5010—2002　　无公害食品　蔬菜产地环境条件

DB 14/86—2001　　无公害农产品

DB 14/87—2001　　无公害农产品生产技术规范

（二）产地环境
选择排灌方便，地势平坦，土壤肥力较高的壤土或沙质壤土地块，并符合 DB 14/87—2001 的要求。

（三）生产管理
1. 栽培季节与品种选择

（1）栽培季节：2 月上中旬播种育苗，5 月上旬定植，早霜后结束。

（2）品种选择：栽培选择抗病、丰产、耐贮运的品种，如尖椒 22 号、浙江油椒、益都红等。

2. 育苗

（1）育苗前的准备：

① 育苗设施。根据育苗季节、气候条件的不同选用日光温室、塑料大棚、阳畦等育苗设施，有条件的可采用穴盘育苗和工厂化育苗，并对育苗设施进行消毒处理，创造适合秧苗生长发育的环境条件。

② 营养土。因地制宜选用无病虫源的田土、腐熟畜禽肥，按 6∶4 配制，此外，每平方米营养土中再加入过磷酸钙 1 千克，硫酸钾 0.25 千克，尿素 0.25 千克，将配制好的营养土均匀铺于播种床内，厚度 10 厘米。

③ 播种床。按照种植计划准备足够的播种床。667 米² 栽培面积需准备播种床 4～10 米²。

（2）种子处理：

① 种子处理。符合 GB 16715.3—1999 中 2 级以上要求。

② 消毒处理。在浸种之前用 1% 的高锰酸钾溶液或 10% 的磷酸三钠溶液浸泡 25～35 分钟，或用 1% 硫酸铜溶液浸泡 5 分钟，然后用清水冲洗 3～4 次，放于 20～30℃ 的温水中浸种 8～10 小时。

③ 催芽。将消毒浸种后的种子置于 25～30℃ 的条件下催芽，每天翻动种子 4～5 次，并用清水搓洗 1 次，6～7 天露白即可播种。

（3）播种：

① 播种期。2 月上、中旬播种。

② 播种量。根据种子大小及定植密度，一般每亩大田用种量 100 克，每平方米播种床进行分苗的可播 25 克，若不进行分苗可播 10 克。

播种方法　将播种床上的营养土整平浇足底水，水渗下后将催出芽的种子均匀撒在床面上，覆土 1 厘米左右。

（4）苗期管理：

① 温度。冬春育苗靠通风和遮阳来调节温度。育苗温度管理见表 7 - 4。

表 7 - 4　苗期温度管理指标

时期	日温（℃）	夜温（℃）	最低温不低于（℃）
播种至出苗	25～30	18～15	13
齐苗至分苗前	20～25	15～10	8
分苗至缓苗	25～30	20～15	10
缓苗后至定植前	20～25	15～10	8
定植前 5～7 天	15～20	10～8	5

② 光照。尽可能增加光照时间。

③ 水分。视苗床墒情适当浇水。结合防病喷 50％百菌清可湿性粉剂 1 000 倍液或 70％代森锰锌可湿性粉剂 500 倍液 1～2 次。

（5）分苗或间苗：幼苗在 2 叶 1 心到 3 叶 1 心期，分在营养钵中，每钵 2～3 株，分苗前 1 天，浇足起苗水，不分苗的要在幼苗 4 叶 1 心时进行间苗，使苗距达到 3 厘米。

（6）分苗后肥水管理：分苗后 1 周内，为促进根系恢复生长，要保持较高的地温，适温为 18～20℃，白天气温要求 25～30℃，夜间尽量保持在 18～20℃，1 周后发出新叶。缓苗结束，为防止幼苗徒长，需逐步通风降温，白天气温 25～28℃，夜间 15～18℃，最低不应低于 15℃。分苗以后到新根长出前一般不浇水，在生长过程中如果晴天上午 11：00 至下午 14：00 叶片出现萎蔫，要适当浇水。

（7）炼苗：定植前 7～10 天进行低温炼苗，白天温度可降至 20℃左右，夜间降至 10～12℃。

（8）壮苗指标：植株健壮，苗子具有 12 片左右展开叶，株高 20 厘米，茎粗 0.4 厘米，节间短，叶深绿，无病虫害，植株顶端已显花蕾。

3. 定植

（1）整地施基肥：禁止使用未经国家和省级农业部门登记的化学或生物肥料。禁止使用硝态氮肥。禁止使用城市垃圾、污泥、工业废渣。有机肥料需达到规定的卫生标准。中等肥力土壤，亩施优质厩肥 5 000 千克，过磷酸钙 50 千克，也可适当地施入一些钾肥，如硫酸钾 30～40 千克，或直接施入优良商品绿色有机肥 150～200 千克。

（2）定植时间：露地定植以 10 厘米地温稳定在 10～12℃时为准。一般在 5 月上旬晚霜结束后定植。

（3）定植方法及密度：利用大小行定植，宽行 60 厘米，窄行 40 厘米做成高垄。每垄两行，穴距 35～40 厘米，亩定植 3 500 穴左右，每穴 2～3 株。

4. 田间管理

（1）肥水管理：定植后，为了提高地温，加速根系生长，促进花芽的形成，在坐果前，应控制灌水，保墒中耕，并在根际培土，防止植株后期倒伏；坐果后特别是大量结果时，必须加强肥水管理，保证营养生长和生殖生长均衡发展，对提高产量有重要作用。

在缓苗后和结果盛期，亩追施尿素 10 千克，过磷酸钙 10 千克；在结果初期可追施商品绿色有机肥 20～25 千克；大部分果实成熟后，为防止植株贪青，应停止灌水追肥，促进营养物质迅速向果实转运，提高红果率。

（2）整枝：门椒以下容易出侧枝，应注意尽早摘除，到后期要摘除下部老叶，提高通风效率。

5. 病虫害防治

（1）主要病虫害：猝倒病、立枯病、病毒病、炭疽病、灰霉病、疮痂病、疫病、枯萎病、棉铃虫。

（2）防治原则：按照"预防为主，综合防治"的植保方针，坚持"以农业防治、物理防治、生物防治为主，化学防治为辅"的无害化控制原则。

（3）农业防治：针对当地主要病虫控制对象，选用高抗多抗的品种。实行严格轮作制度，不与茄科、葫芦科蔬菜连作；可与禾本科作物、十字花科蔬菜轮作 3 年以上；可与大蒜套种，减轻发病。采用高畦栽培。使用配方施肥。合理施用氮肥，增加磷、钾肥；清洁田园。发病初期及时清除病株、病叶、病果，并携带出田外集中深埋或烧毁。

（4）物理防治：温汤浸种，利用性引诱剂诱杀成虫，高压汞灯、黑光灯、频振式杀虫灯等杀灭成虫。

（5）生物防治：

① 天敌。积极保护利用天敌，防治病虫害。

② 生物药剂。采用病毒、线虫等防治病虫及植物源农药如苦参碱等和生物源农药如齐螨素、农用链霉素、新植霉素等防治病虫害。

（6）主要病虫害药剂防治：以生物药剂为主。使用药剂防治时严格按照 GB 4285、GB/T 8321 农药合理使用准则规定执行。

① 猝倒病。58％雷多米尔锰锌可湿性粉剂 500 倍液，或 72.2％普力克水剂 600 倍液，或 64％杀毒矾可湿性粉剂 500 倍液，或 15％恶霜灵水剂 450 倍液喷雾，上述药剂交替使用。

② 立枯病。发病初期用 5％井冈霉素 1 500 倍液，或 15％恶霜灵 500 倍液喷淋。若猝倒病、立枯病并发，可喷 72.2％普力克水剂 800 倍液加 50％福美双粉剂 800 倍液，2～3 千克/米² 药液，视病情 5～7 天 1 次，连续 2～3 次。

③ 病毒病。喷洒 20％病毒 A 可湿性粉剂 500 倍液，或 1.5％植病灵乳剂 1 000 倍液，或弱毒系 N14＋S52，或 83 增抗剂 100 倍液，或抗毒剂 1 号 200～300 倍液，隔 10 天左右 1 次，连续防治 3～4 次。

④ 炭疽病。75％百菌清可湿性粉剂 600 倍液，或 30％DT 400～500 倍液，或 50％炭疽福美 300～400 倍液，或 70％甲基托布津可湿性粉剂 400～500 倍液，或 50％多菌灵可湿性粉剂 800 倍液，每隔 7～10 天喷 1 次，连续 2～3 次。

⑤ 灰霉病。用 50％扑海因可湿性粉剂 1 000 倍液，或 50％速克灵可湿性粉剂 2 000

倍液，每隔 7 天左右喷 1 次，连喷 2～3 次。

⑥ 疮痂病。72％农用链霉素 4 000 倍或 30％DT 杀菌剂 400 倍液，每隔 7～10 天喷 1 次，连续防治 2～3 次。

⑦ 疫病。发病初期喷洒 25％瑞毒霉可湿性粉剂 750 倍液，或 40％乙膦铝可湿性粉剂 200 倍液，或 75％百菌清可湿性粉剂 800 倍液，或 64％杀毒矾可湿性粉剂 500 倍液，每隔 7～10 天喷 1 次，连续 2～3 次，病害严重时需隔 5～7 天喷 1 次，连续 2～3 次。

⑧ 早疫病。发病初期可选用 64％杀毒矾可湿性粉剂 500 倍液，或 50％扑海因可湿性粉剂 1 000 倍液，或 75％百菌清可湿性粉剂 600 倍液，上述药剂交替使用，每隔 7 天左右喷 1 次，连喷 2～3 次。

⑨ 枯萎病。可用 50％琥胶肥酸铜（DT）可湿性粉剂 400 倍液或 14％络氨铜水剂 300 倍液灌根，每穴灌药液 0.5 升，视病情连连灌 2～3 次。

⑩ 棉铃虫。可用灭杀毙 5 000 倍液，或 2.5％功夫乳油 3 000 倍液，或 2.5％天王星乳油 2 000～3 000 倍液喷雾，在 2 龄以前用药。

（7）合理施药：严格控制农药用量和安全间隔期。

6. 采收 开花后 25～30 天，鲜食果实充分长成，绿色度深，果肉变脆而有光泽时采收。干椒分期采收，不仅可减少损失，增加红椒产量，而且能提高品质，采下的红椒应及时制干，也可待早霜来临后，连根拔起，扎成捆，头对头摆在架子上，一段时间后再根对根摆好，干后采摘，分级包装。

7. 清洁田园 将残枝败叶和杂草清理干净，集中进行无害化处理，保持田间清洁。

三、无公害辣椒生产目前存在的问题

（一）土壤有效磷含量部分田块偏低

土壤肥力是提高农作物产量的条件，是农业生产持续上升的物质基础。从土壤养分来看，代县无公害辣椒种植区有效磷含量与无公害辣椒生产条件的标准相比部分地块偏低。生产中存在的主要问题是增加磷肥施用量。

（二）土壤养分不协调

从无公害辣椒对土壤养分的要求来看，无公害辣椒种植区土壤中全氮含量相对偏低，速效钾的平均含量为中下等水平，而有效磷含量则与要求相差甚远。生产中存在的主要问题是氮、磷、钾配比不当，注重磷、钾肥施用。

（三）微量元素肥料施用量不足

微量元素大部分存在于矿物晶格中，不能被植物吸收利用，而微量元素对农产品品质有着不可替代的作用，生产中存在的主要问题是农户微肥施用量较低，甚至有不施微肥的现象。

四、无公害辣椒生产的对策

（一）增施有机肥

一是积极组织农户广开肥源，培肥地力，努力达到改善土壤结构，提高纳雨蓄墒的能力；二是大力推广玉米秸秆覆盖还田技术；三是狠抓农机具配套，扩大秸秆翻压还田面积；四是增施商品有机肥。在施用的有机肥的过程中，农家肥必须经过高温发酵，不得施用未经腐熟的厩肥、泥肥、饼肥、人粪尿等。

（二）合理调整肥料用量和比例

首先，要合理调整化肥和有机肥的施用比例，无机氮与有机氮之比不超过1：1；其次，要合理调整氮、磷、钾施用比例，比例为1：（0.8～1）：0.4。

（三）合理增施磷钾肥

以"稳氮、增磷、补钾"为原则，合理增施磷钾肥，保证土壤养分平衡。

（四）科学施微肥

在合理施用氮、磷、钾肥的基础上，要科学施用微肥，以达到优质、高产目的。

第七节 代县酥梨耕地适宜性分析报告

代县酥梨1968年从安徽砀山引进，酥梨色黄如金，汁甜似蜜，酥脆可口，品质极优，品质超过原产地。20世纪80年代被香港"五丰行"命名为"金蜜梨"而畅销港澳。先后被农业部、山西省定为省级和国家级酥梨基地。曾多次参加全国与全省展评，获全国优质水果评比一等奖和全省水果金奖。代县酥梨2003年获农业部无公害酥梨基地认定，面积1 000公顷，同年获得无公害产品认证。截至2011年底，全县酥梨种植面积5万亩，总产量1 200万千克，总产值达到1 200万元，酥梨已成为全县水果主产区的支柱产业，在推进农业现代化建设，加快社会主义新农村建设中发挥着重要作用。实施酥梨无公害栽培是提高果园经济效益，增加果农收入的重要措施之一。我们利用这次耕地养分调查与质量评价，对酥梨生产做出如下技术探讨。

一、无公害酥梨生产条件的适宜性分析

全县酥梨面积主要分布在丘陵区的阳明堡镇、上馆镇、雁门关乡、枣林镇、胡峪乡。酥梨产区土壤类型主要为褐土，土壤质地多为轻壤，海拔800～1 100米，水利条件较差，属深井水灌溉区域。该区域内光照充足，昼夜温差大，适合酥梨生产发展。

二、无公害酥梨生产技术要求

（一）高标准建园

1. 园地选择 应选择生态条件良好，远离工矿区和公路、铁路干线等污染源，无大气粉尘和污水污染，土壤中有害物质不超标，土层深度在1.5米以下，质地疏松，地下水位在1.5米以下的平川水地及背风向阳的旱平地、坡地建园。

2. 栽植

（1）方式：平地采用南北行向长方形方式栽植，坡地沿等高线栽植。

（2）密度：水浇平地每公顷栽495株，株行距4米×5米；坡地每公顷栽825株，株

行距 3 米×4 米。

（3）时期：春秋季均可栽植，春季在清明前后，秋季在落叶后地冻前。秋栽后需要埋土，覆土厚度 0.2 米以上。

（4）方法：首先挖长、宽、深各 1 米的坑（水地），将表土、底土分开堆放。坡地坑长、宽、深各 50 厘米即可。每坑施优质农家肥 50 千克、磷肥 0.5 千克，与表土拌匀，填入坑内踩实，并筑成馒头形。其次选择苗木，要求品种纯正，苗高 1 米以上，粗度 0.8～1 厘米，具 3 条以上长度在 15 厘米左右的侧根，无检疫性病虫为害的一年生苗。栽前先将苗木根系进行修剪，然后置于清水中浸泡 24 小时或蘸泥浆，栽时做到"三埋两踩一提苗"。

3. 栽后管理

（1）浇水：栽后及时浇水，第一次浇水一定要浇透。

（2）定干：地皮发自后对苗木进行定干，高度 0.8～0.9 米，剪口下要有 3～4 个好芽。

（3）覆膜套袋：树盘覆盖 0.8～1 米见方的塑料膜，四周用土压紧。树干套袋，袋长 0.4～0.5 米，袋宽 0.1～0.15 米。套时袋的上端要高出剪口 0.1 米，下端紧扎在树干上。

（4）去袋：据新梢生长情况确定去袋时间。一般在 5 月下旬至 6 月上旬去袋。去袋时先将顶端割开放风，7～10 天后再将袋全部去掉。

（5）间作：果园可间作豆类、花生、薯类和瓜类。

（6）中耕除草：进入雨季应揭去塑膜，并进行中耕除草，做到土松草净。

（二）土肥水管理

1. 土壤管理

（1）深翻熟化：以栽植坑为中心，结合深施基肥，每年或隔年逐渐向外深翻，直到株间全部翻通为止。行间可以一年或分几年全部翻通。深度一般应达到 80 厘米，最浅不少于 60 厘米。深翻时间以秋季采果后立即进行。无灌溉条件的梨园，宜在夏秋多雨的季节深翻，以利伤根愈合。深翻时要避免伤根太多，尤其是径粗在 0.5 厘米以上的根，要尽量少伤，并结合施入有机肥料。然后覆土，并将土踏实，使之与根密接。翻后及时灌水，灌透全部深翻土层。

（2）伏刨土壤：伏天对树盘或园地进行深刨，深度一般在 30 厘米左右。

（3）生物覆盖：在夏初至秋末间，用玉米秸、麦秸、高粱秸、豆秸、杂草等有机物质，结合追肥、浇水或雨后进行覆盖，覆盖厚度 15～20 厘米。全园覆盖，第一年公顷需覆盖物 45 000 千克，以后每年补加 12 000 千克。覆盖后在上面星星点点加些土，防止风吹和火烧。

2. 增施肥料

（1）施足基肥：每年 9 月下旬至 10 月下旬是施基肥的最好时期，以经过沤制腐熟的人畜粪便、饼肥、厩肥、圈肥、绿肥等为主。一般公顷施 75 000 千克优质农家肥加 600～750 千克过磷酸钙。

施肥方法：幼树以环状沟施为主，成年树则以放射状沟施或全园撒施均可，深度以 40 厘米为宜。

（2）合理追肥：全年应追肥 3 次，分别在花前、幼果期、果实膨大期各追 1 次。每次株追碳铵或尿素 0.5～1.0 千克，在树冠下挖 10～20 个深 10 厘米左右的穴，将肥追入后覆土。

（3）叶面喷肥：盛花期喷 1 次 0.3% 的尿素加 0.3% 硼砂液，以后每隔 15 天喷 1 次 0.3% 尿素液，连喷 3 次。6 月中旬至 7 月上旬连喷 2 次 0.5% 的磷酸二氢钾液。

3. 适时浇水 有灌溉条件的梨园，全年保证浇水 3 次，前 2 次结合追肥进行，地冻前再浇 1 次封冻水。丘陵山区无灌溉条件的梨园，应大力修筑鱼鳞坑、返坡梯田，以蓄积雨水。还应加大力度推广应用地膜覆盖、穴贮肥水技术。

（三）整形修剪

1. 树形结构

（1）主干疏散分层形：适用于行株距 5 米×4 米的梨园。其结构为：干高 0.6 米，树高 4 米，冠径 4 米，主枝 6 个。主枝分 3 层排列，第一层 3 个，层内距 0.3 米；第二层 2 个，层内距 0.2 米；第三层 1 个。第一层至第二层层间距 1 米，第二层至第三层层间距 0.6 米。主枝基角 50°～60°，腰角 70°～80°。第一层每个主枝上留侧枝 3 个，第一侧距主干 0.5 米，第二侧在第一侧的对面相距 0.4～0.5 米，第三侧和第一侧在同一面，相距 0.8～1 米。第二层主枝上留 2 个侧枝，第三层主枝上留侧枝 1 个。

（2）小冠疏层形：适用于行株距 4 米×3 米梨园。其结构为：干高 0.5 米，树高 3 米，冠径 3 米，主枝 5～6 个，分 3 层排列。各层主枝数、层内距、层间距、主枝基角、腰角度数同主干疏散分层形基本一样。小冠疏层形第一层主枝上的侧枝 2 个，第一侧距主干 0.3 米，第二侧在第一侧的对面，相距 0.3 米。第二、三层主枝上直接着生结果枝组。

2. 修剪方法 以小冠疏层形为例。

（1）选配主枝：定植后的 2 年内，在基部 3 个方向选出 3 个主枝，3 个主枝间水平夹角为 120°。第 3、第 4 年内，在中心干上距第 3 主枝 1 米处选出第 4、第 5 主枝，其方向要插于基部 3 主枝的空间。第 5 年在距第 5 主枝 0.6 米处选出第 6 主枝，其方向最好选在北部。

（2）中心干、主枝、侧枝的修剪：对于这些骨干枝，在整形期间，每年都要进行中短剪。修剪时，主、侧枝注意留外芽，以利扩冠。中心干剪口芽留在上年剪口芽的对面，以保证各个骨干枝的方位错开排列。

（3）竞争枝和直立枝的修剪：延长头上的竞争枝一般疏除，但当延长头的位置不当或过强过弱时，可利用竞争枝做头，去掉原来的延长头。对于枝量少的品种，可将竞争枝进行反弓弯曲，弯向有位置的地方，用其提早结果。主枝背上的直立枝一般疏去即可。但如有空间时，也可弯平缓放，用其结果后回缩成枝组。

（4）结果枝组的培养和修剪：结果枝组是挂果的主要部位，分布在辅养枝上和主侧枝的背后及两侧。可用短剪、缓放等方法进行培养和更新。

（四）花果管理

1. 促花 花少的旺树要通过缓势促花，提高花量。方法是推迟修剪，轻剪缓放，拉枝开角，生长期施行刻、割、剥等外科手术，化学控制生长，控水减氮增磷钾等措施，来增加花量。

2. 疏花 对于花量过大的树，必须进行疏花，这是提高酥梨品质极为重要的一环，也是调节大小年结果的有效措施。疏花时间一般在花序分离至花期进行。方法是用疏果剪将病虫、位置不当以及过密的花序疏去，疏去总花量的 20％～25％。

3. 疏果　在落花后 20 天开始，力求尽早结束。疏果时可按枝果比（2∶1）或间距法（每隔 0.2～0.25 米留一果）决定疏留，保险系数控制在 15％左右。将畸形果、小果、病虫果以及位置不当果疏去。一般每台留一果，树体过强时也可留双果。

4. 果实套袋

（1）套袋时间：可根据各地的具体情况决定。宜在 6 月中旬开始，套得过早，易遭风害，有时大风会把梨和袋子同时吹掉。因此，必须适当推迟套袋时间，避开大风季节。

（2）套袋方法：套前 2～3 天，将袋子置于潮湿处，让袋子吸湿返潮变韧。套时，操作人员在腰上系一围袋，将纸袋置于围袋里。梨选定后，先撑开袋口，托住袋底，使两底角处的通气放水口张开，袋体膨起。然后，一手捏住果柄，一手托住袋底，将幼梨套入袋中，再从袋口两边向中间果柄处折叠，最后撕出扎袋口上的铁丝反转 90 度，沿袋口旋转一周，将纸袋紧扎在果柄上。

（3）注意事项：第一，一定要选择带蜡的全木浆外层黄色、内层黑色的双层纸袋。第二，套袋前 2～3 天，需细致地喷一次杀菌杀虫药剂，若遇下雨，必须重喷。第三，尽量扎紧袋口，防止梨木虱、黄粉蚜钻入。

（五）病虫害综合防治

梨树上常见的病害是梨干腐病，虫害是梨木虱、梨黄粉蚜、梨小食心虫等。对于这些病虫害，一定要采取农业、生物、物理、机械、化学综合防治措施。秋末冬初清除枯枝落叶，早春刮树皮，然后集中烧毁或深埋，以减少病虫源。发芽前喷一次波美 5 度的石硫合剂，花芽膨大期喷一次 2.5％功夫乳油 2 000 倍液或 2.5％敌杀死乳油 2 000～2 500 倍液等杀虫剂，套袋前再喷 1 次 5％吡虫啉乳油 2 000～3 000 倍液加 70％甲基硫菌灵可湿性粉剂 1 000～1 400 倍的混合液。7～8 月根据病害发生情况，再喷 1～2 次 50％多菌灵可湿性粉剂 800 倍液或其他杀菌剂即可。

（六）适时采收

宜在 9 月下旬至 10 月上旬进行采收。由下向上，由外到内，逐步采收完毕。方法：用手托住梨，向上一推，同时转动一下，就可采下。采时做到轻拿轻放，避免碰伤。用于贮藏的梨一般不去纸袋。带袋贮藏，可减少水分蒸发，减轻碰伤，保持梨面干净。出售时再去袋装箱。

三、无公害酥梨生产目前存在的问题

（一）采后贮存加工滞后，销售渠道不畅

代县酥梨面积大，上市集中，贮藏方式落后，大多是采后堆放家中自然存放，贮藏效果差，只有少量装箱入气调库贮藏。因信息不灵，盲目跟从，形成了今年贮藏少、价格高赚钱，明年就贮藏多、价格低赔钱的恶性循环。同时酥梨加工企业少而小，也是一个薄弱环节。目前代县酥梨销售多数靠外地客商收购，外地客商仍需要当地经纪人引线搭桥。经纪人数量少、分散，没有组织和经营体制。

（二）缺乏标准化管理、集约化经营

随着人们生活水平的不断提高，对高质量无公害酥梨需求量越来越大。标准化生产是提高酥梨质量、生产无公害果品、增加经济效益的主要手段。没有质量，就没有竞争力；没有标准化生产管理，质量就难以保证。但我国现阶段的土地承包到户的生产模式，决定了梨农独家单户的经营方式，结果是管理水平参差不齐，差距很大。这样的经营管理体制很难在短时间内把梨农的综合生产能力提高到一个统一的水平线上。加之梨农普遍存在小而全的小农经济模式和粗放管理的思想，形不成区域产品优势，致使效益不高。

（三）施肥不科学，盲目施肥

大多数果农仅凭经验及参考资料施肥，常出现施氮肥过多，造成树旺贪长成花困难；有的施磷肥过多，造成缺锌症状；有的施钾肥过多，造成缺钙等生理症状。

四、无公害酥梨生产的对策

（一）理顺销售渠道，培养发展经纪人

把经纪人组织起来，进行业务素质培训，尽快建立起一支有组织、懂业务、会营销的经纪人队伍。此外还应合理分配采后销售和贮藏的比例。减少内耗，加大气调库的贮藏量，延长销售期，提高效益。同时培育和引进龙头企业，搞好加工转化，增加酥梨生产的附加值。

（二）标准化管理、集约化经营

一是制订严格的酥梨生产管理标准，出台《酥梨生产管理操作技术规程》，并把规程送到梨农手中，监督执行，扭转只有展品、没有商品的局面。二是必须克服小而全的小农经济思想，树立集约化经营理念，努力提高单产，生产优质精品果。组织起来，以企业为龙头、梨农为依托，以无公害酥梨基地为基础，以经济合同为纽带，用企业＋农户或公司、协会＋农户的模式，用《酥梨生产管理操作技术规程》标准统一规范生产管理，实行标准化生产，实现产、供、销一体化，占领不同层次的市场份额，以实现酥梨生产的最佳效益。

（三）科学施肥

施肥量要根据产量和质量而定，小年时施氮肥要少，大年时氮、磷、钾要均衡。一般每生产 2 500 千克梨，需有机肥 3 米^3，每亩施用氮 12～13 千克（相当于尿素 26～28 千克）、磷 8 千克（相当于 12％过磷酸钙 66 千克）、钾 10 千克（相当于 33％硫酸钾 30 千克）。

第八节　代县谷子耕地适宜性分析报告

代县种植谷子历史悠久，所产小米由于环境特殊，昼夜温差大，产品色泽美观，颗粒饱满，品种特佳，具有无污染、益健康、多营养的特性，富含丰富的维生素及多种微量元素，具有良好的食疗、食补等营养保健功能，是关注健康的最佳食品。近年来，随着人们健康消费观念的增强，小杂粮逐渐成为人们生活的新宠，市场优质小米的需求量不断增加，发展谷子产业对促进农民增产增收有着举足轻重的战略意义。

一、无公害谷子生产条件的适宜性分析

代县谷子种植区域属温带大陆性半干旱气候，光热资源丰富，昼夜温差大，年平均降水量 500.9 毫米，年平均气温为 9℃，全年无霜期 150 天左右，≥10℃ 的积温达 3 537.6℃，土壤类型以褐土为主，理化性能较好，为谷子生产提供了有利的环境条件。

二、无公害谷子生产技术要求

（一）引用标准
GB 3095—1982 大气环境质量标准
GB 9137—1988 大气污染物最高允许浓度标准
GB 5084—2005 农田灌溉水质标准
GB 15618—1995 土壤环境质量标准
GB 3838—1988 国家地下水环境质量标准
GB 1353—1999 Maize
NY/T 394 绿色食品 肥料使用准则
NY/T 393 绿色食品 农药使用准则

（二）播前准备
1. 选地选茬 选择地势平坦、排水良好、质地疏松而富含有机质的地块。不宜重茬，选前茬是豆类、薯类、玉米、高粱等地块为宜。

2. 施足肥料 每亩施入无公害优质农家肥 2 000 千克，结合整地 1 次施入。化肥每亩施入磷酸二铵 15～20 千克，尿素 10～15 千克，硫酸钾 5 千克。磷酸二铵、硫酸钾作为基肥，尿素作为追肥，追肥时期为孕穗期。

3. 整地保墒 整地保墒，建好土壤水库，对于防御旱灾，高产稳产，有着特殊意义。春季土层解冻后，要及时进行顶凌耙耱，防止土壤水分蒸发。如土壤墒情很差，则可省去浅耕，而多耙耱镇压。

（三）品种准备及种子处理
1. 品种选择 选择具有抗旱、抗病、抗逆性强、适应性广等特性的谷子品种，如晋谷 21、张杂谷 3 号、张杂谷 5 号等。

2. 种子处理 先将经晾晒，去杂后的种子用 10%～15%（50 千克水加 5.5～7.5 千克食盐）的食盐水，或石灰水、泥水漂洗去秕，然后将去秕后的种子捞出，再用清水洗 2～3 次，晾干后备用。为了及早防治病虫害，播种前，应拌入种子量 0.2% 的 50% 辛硫磷和种子量 0.3% 的瑞毒霉，拌后闷种 6～12 小时。

（四）严格掌握播种季节和方法
1. 播期 播期当耕层 10 厘米处地温稳定 12℃ 以上时，及时播种，正常年份播期为 5 月 5 日至 5 月 20 日。

2. 用种量和播种方法 用种量和播种方法一般每亩用种量为 0.5～0.75 千克，采取

平播的方法，行距为 30 厘米。

3. 播种深度 播种深度以 3～4 厘米为宜，做到深浅一致，覆土均匀，覆土 2～3 厘米，视墒情镇压 1～2 次，此时注意谷子的出苗情况，发现缺苗断垄及时补种或移栽，补种时要浸种催芽，移栽要选大苗壮苗。出苗达不到 70% 时，要及时翻种。

（五）田间管理

1. 适时间苗 在 5～7 叶时定苗，定苗时亩留苗 30 000 株左右，也就是 30 厘米留苗 4 株，适时定苗有利于提高产量，间苗时要求注意拔掉病、小、弱苗，做到等距定苗。

2. 除草 中耕除草要求 3 次。第一次结合间定苗进行，第二次在谷子拔节时清垄后进行，第三次在谷子抽穗期进行。在进行中耕时注意苗间的杂草，同时培土，有利于谷子的生长发育。

化学除草在物理除草的基础上，适当使用化学除草剂。

3. 灌溉时间 拔节、抽穗期如发生干旱应及时浇水，灌浆期如发生干旱也应隔垄轻灌。

（六）病虫害防治

代县谷子病虫害发生较重的主要是谷子白发病、粟叶甲等。

1. 谷子白发病 谷子白发病从发芽到抽穗都可以发病，幼苗时形成"灰背"，以后形成"白尖"，抽穗时形成"刺猬头"，最后形成"白发"，直至植株死亡。

防治方法：用 35% 甲霜灵按种子重量的 0.2% 拌种；或用种子重量 0.4%～0.5% 的 64% 杀霉矾（恶霜灵·代森锰锌）可湿性粉剂拌种。发病初期，用 58% 甲霜灵·代森锰锌可湿性粉剂 600 倍液喷洒；或用 64% 恶霜·锰锌可湿性粉剂 500 倍液喷洒。

2. 粟叶甲 粟叶甲，又名粟负泥虫，俗称谷子钻心虫，有的农民称之为"稻米饭蛆"，主要以幼虫为害谷子幼苗。成虫为害谷子嫩叶时沿叶脉咬食叶肉组织，留下表皮，形成白色平行条纹为害状。幼虫为害期 30 天左右，有身负粪便现象，常聚集在一起啃食叶肉，潜入心叶或近心叶叶鞘内取食，叶片受害后从叶尖向叶基扩展残留叶脉呈条纹状，并发白枯焦，以后破裂成丝状，受害严重时整株枯死。

防治方法：可用 48% 毒死蜱乳油 500～800 倍液，或 2.5% 溴氰菊酯乳油 1 500～2 000 倍液，或 4.5% 高效氯氰菊酯乳油 800～1 000 倍液，于早、晚喷施于谷苗心叶内。

（七）适时收获

适宜的收获期是以籽粒硬化"断青"为成熟标准，此时谷粒显现该品种的固有颜色。

三、无公害谷子生产目前存在的问题

（一）施肥不科学

生产中普遍存在化肥用量不平衡，有机肥用量不足的问题。

（二）机械化程度低

谷子种植零散，播种、间苗、除草、收获等作业以人工为主，配套农机具落后，机械化程度低，限制了谷子生产的发展。

四、无公害谷子生产对策

（一）科学施肥

底肥：农家肥 2 000 千克以上（或商品有机肥 300 千克），过磷酸钙 40 千克，钾肥 1～2 千克。

追肥：根据苗情，在拔节期亩施尿素 15 千克；旗叶出现到开花前亩施尿素 7～8 千克。

（二）加大农业机械化推广力度

扩大谷子生产规模，引进、推广适合谷子规模化生产的农业机械。

图书在版编目（CIP）数据

代县耕地地力评价与利用 / 陈白凤主编. —北京：
中国农业出版社，2014.4
ISBN 978-7-109-18963-8

Ⅰ.①代… Ⅱ.①陈… Ⅲ.①耕作土壤-土壤肥力-
土壤调查-代县②耕作土壤-土壤评价-代县 Ⅳ.
①S159.225.4②S158

中国版本图书馆 CIP 数据核字（2014）第 045745 号

中国农业出版社出版
（北京市朝阳区农展馆北路 2 号）
（邮政编码 100125）
责任编辑 杨桂华

北京中科印刷有限公司印刷 新华书店北京发行所发行
2014 年 6 月第 1 版 2014 年 6 月北京第 1 次印刷

开本：787mm×1092mm 1/16 印张：10.75 插页：1
字数：250 千字
定价：80.00 元
（凡本版图书出现印刷、装订错误，请向出版社发行部调换）